(개정판)

자주하는 질문집

화장품

식품의약품안전처

MINISTRY OF FOOD AND DRUG SAFETY

2026

Jinhan M&B

이 안내서는 전화상담, 국민신문고 등을 통하여 화장품 분야에 대한 질의·답변 내용을 선별·정리하여 알기 쉽게 설명하거나 식품의약품안전처의 입장을 기술한 것입니다.

본 안내서는 대외적으로 법적 효력을 가지는 것이 아니므로 본문의 기술방식('~하여야 한다' 등)에도 불구하고 참고로만 활용하시기 바랍니다. 또한, 본 안내서는 2025년 11월 현재의 과학적 · 기술적 사실 및 유효한 법규를 토대로 작성되었으므로 이후 최신 개정 법규 내용 및 구체적인 사실관계 등에 따라 달리 적용될 수 있음을 알려드립니다.

※ "민원인 안내서"란 민원인들의 이해를 돕기 위하여 법령 또는 행정규칙을 알기 쉽게 설명하거나 특정 민원업무에 대한 행정기관의 대외적인 입장을 기술하는 것(식품의약품안전처 지침서등의 관리에 관한 규정 제2조)

※ 본 안내서에 대한 의견이나 문의 사항이 있을 경우 식품의약품안전처 고객지원담당관에 문의하시기 바랍니다.

전화번호 : 1577-1255, 043-719-1003
팩스번호 : 043-719-1000

CONTENTS

2025 자주하는 질문집(화장품)

제1장 총칙

1. 정의

화장품 해당여부

화장품의 유형

제2장 화장품의 제조·유통

1. 영업의 등록

2. 화장품 제조업

화장품 제조업의 등록 등

화장품제조업 등의 변경등록

3. 화장품 책임판매업

화장품 책임판매업의 등록 등

화장품 책임판매업 등의 변경등록

책임판매관리자의 자격기준 등

책임판매관리자 등의 교육

4. 맞춤형화장품판매업

맞춤형화장품판매업의 신고

맞춤형화장품판매업자의 준수사항

맞춤형화장품조제관리사 자격기준

기준 및 시험방법·안전성, 유효성

6. 영유아 또는 어린이 사용 화장품의 관리

영유아 또는 어린이 사용 화장품

7. 영업자의 의무 등

영업자의 의무

생산실적 등 보고

우수화장품 제조 및 품질관리기준

제3장 화장품의 취급

1. 기준

화장품 안전기준 등

안전용기·포장 등

2. 표시·광고·취급

화장품의 기재사항

표시·광고 내용의 실증 등

화장품 병행수입 및 동일성검사

제1장

총칙

제 1 장 총칙

1 정의

화장품 해당여부

Q1 얼굴 피부에 사용하는 기름종이가 화장품법에 해당하나요?

✓ '화장품'은 「화장품법」 제2조의 정의에 따라 '인체를 청결·미화하여 매력을 더하고 용모를 밝게 변화시키거나 피부·모발의 건강을 유지 또는 증진하기 위하여 인체에 바르고 문지르거나 뿌리는 등 이와 유사한 방법으로 사용되는 물품으로서 인체에 대한 작용이 경미한 것'을 말하며, 「약사법」 제2조제4호의 사람의 질병을 진단, 치료, 경감, 처치 또는 예방할 목적으로 사용하는 의약품은 제외됩니다.

✓ 화장품 해당 여부는 해당 물품의 구성성분·사용목적·사용방법·형태·작용원리 등이 화장품의 정의에 부합하는지 여부를 토대로 종합적으로 판단하여야 하는 바,

✓ 제품이 종이 또는 필름 형태로 구성되어 얼굴의 피지 등을 제거하는 용도로 사용되는 '기름종이'라면 동 물품은 화장품법령에 따른 '화장품'에 해당하지 않습니다.

Q2 마이크로니들 패치는 화장품으로 분류 되나요?

✓ 「화장품법 시행규칙」 [별표5] 제2호아목에서는 법 제2조1호에 따른 화장품의 범위를 벗어나는 표시·광고를 금지하고 있으며, 화장품을 피부에 주입하여 사용하는 방법은 적절한 화장품의 사용법이 아님을 알려드리니 참고하여 주시기 바랍니다.

✓ 화장품은 인체에 대한 작용이 경미한 것(의약품 제외)으로 규정하고 있는 바, 피부에 상처를 내서 특정 성분을 진피에 넣어주는 목적의 "침(니들)"류는 「화장품법」에 따른 화장품에 해당되지 아니함을 알려드립니다.

Q3 속눈썹 연장용 가모, 속눈썹 연장용 아이패치, 속눈썹 연장 고정용 코팅제가 화장품으로 분류되나요?

✓ 화장품의 해당 여부는 해당 물품의 구성성분·사용목적·사용방법·형태·작용원리 등이 화장품의 정의에 부합하는지 여부를 토대로 종합적으로 판단하여야 하는 바, 인조속눈썹모, 눈꺼풀 등에 붙이는 패드(아이패치) 및 속눈썹을 고정시키기 위해 사용하는 용액(코팅제)은 동 법령에 따른 화장품에 해당하지 않을 것으로 판단됨을 알려드립니다.

Q4 손발톱에 붙이는 플라스틱 인조손발톱이 화장품인가요?

✓ 화장품의 해당 여부는 해당 물품의 구성성분·사용목적·사용방법·형태·작용원리 등이 화장품의 정의에 부합하는지 여부를 토대로 종합적으로 판단함을 알려드립니다.

✓ 해당 물품이 손발톱에 직접 바르는 것이 아닌 네일팁 위에 발라 네일팁 전체를 접착의 방식으로 손발톱 위에 붙여서 사용하는 경우라면, 해당물품은 화장품에 해당되지 않을 것으로 판단됩니다.

- 화장품에 해당되지 않는 물품에 대해서는 화장품법에 따른 영업등록, 표시기재 등의 규정이 적용되지 않음을 알려드리며, 공산품과 관련된 추가사항은 산업통상자원부로 문의하여 안내받으시기 바랍니다.

※ 참고로, 두발, 체모, 속눈썹, 손톱, 발톱 대용물을 부착하거나 쌍커풀을 만들기 위해 사용하는 미용 접착제는 환경부에서 관리하는 '안전확인대상 생활화학제품'으로 분류되어 있음을 알려드립니다.

Q5 주름개선 및 보습효과가 있는 실리콘 겔패드로 얼굴, 목부위에 부착하여 사용하는 제품인데 화장품에 해당하나요?

✓ 고형의 실리콘만으로 구성되어 실리콘이 갖는 물리적 탄성을 이용하여 피부의 탄력, 주름 개선 등 효능을 갖는 물품은 화장품에 해당하지 않습니다.

Q6 엑소좀 원료 화장품(앰플)을 이용해 병원에서 전문가가 MTS(마이크로니들시스템) 또는 진피층 안쪽까지 주사하는 방식이 화장품법 위반인가요?

✓ 화장품법령 상 '화장품'은 경미한 효과를 나타내는 제품으로 정의하고 있으므로 피부의 세포촉진, 콜라겐 생성 등을 표방하며 MTS 등 기구를 이용하여 특정 물질을 인체 피부에 주사하는 방식으로 사용되도록 개발된 제품은 화장품법에 부합하는 '화장품'으로 판단하기 어려움을 알려드립니다.

- 화장품은 물품의 사전·허가제도가 없어 병의원 등에서 사용되는 제품이 화장품법령에 부합하는 화장품인지 여부에 대해 판단하여 드리기 어려움을 알려드리며, 화장품에 해당하지 않는 물품에 대해서는 동 법령에 따른 제품의 표시, 안전기준 등 규정이 적용되지 않으니 이해하여 주시기 바랍니다.
- 아울러, 「화장품 안전기준 등에 관한 규정」 [별표2]에서 '인체 세포·조직 및 그 배양액'은 원칙적으로 화장품에 사용할 수 없으며, [별표3]에 따른 인체 세포·조직 배양액 안전기준을 준수할 경우에만 제한적으로 사용가능하며, 이에 따라, 배양액이 아닌 특정성분의 추출·분리·정제 등을 통해 얻어진 원료(엑소좀 등)는 화장품의 원료로 사용할 수 없음을 알려드리니 참고하시기 바랍니다.

✓ 화장품법령에 부합하는 '화장품'의 경우에도 병·의원에서 이루어지는 의료 시술 행위는 화장품법령에 따른 관리 범위를 벗어난 것으로 소관부처인 보건복지부로부터 안내받으시기 바랍니다.

Q7 피부(얼굴)에 부착하여 사용하는 패치 원단의 재질이 폴리우레탄으로 자외선 차단효과를 나타내는데 화장품에 해당 하나요?

✓ 일반적으로 자외선 차단 기능을 갖는 원단 또는 필름은 화장품에 해당되지 않으나, 특정 성분을 추가하여 화장품 정의에 부합하는 사용목적과 효능·효과 등을 갖도록 만든 제품이라면 화장품법령에 따라 관리되어야 할 것으로 사료됩니다.

- 또한, 해당 패치 제품에 추가된 성분에 의해 화장품 정의에 부합하는 효과(보습, 미백 등) 등을 표방하고자 하는 경우 해당 물품은 화장품으로 관리되어야 하며, 「화장품법」 제2조제2호 정의에 따른 기능성화장품인 경우 법 제4조에 따라 기능성화장품 심사·보고 대상임을 알려드리니 참고하시기 바랍니다.

Q8 자외선 차단 성분이 포함되어 얼굴에 펴 바르고 일정시간 방치 후 떼어 내는 용법으로 사용 중에만 자외선 차단 효과가 있는 제품의 화장품 유형은 어디에 속하나요?

✓ 제품에 사용된 자외선 차단 성분의 목록 등을 확인하기는 어려우나, 해당 제품이 섬유 또는 고무류 등을 피부에 부착하여 해당 물품이 자외선을 차단하기 위해서 사용하는 제품이 아니라 피부에 발라서 제품에 포함된 성분 자체로 자외선 차단의 기능을 갖는 제품이라면 화장품(기초화장용 제품류)에 해당할 것으로 판단되니 이 점 참고하여 주시기 바랍니다.

Q9 물리적으로 체모를 제거하는 테이프나 왁스가 화장품에 해당 하나요?

✓ 정부합동발표 "생활화학제품안전관리대책"에 따라 「화장품법 시행규칙」 개정('18.03.13.)을 통하여 화장(고형)비누, 제모왁스, 흑채를 '19.12.31.부터 화장품으로 전환·관리되고 있습니다.

- 현재 「화장품 사용할 때의 주의사항 및 알레르기 유발성분 표시에 관한 규정」(식약처 고시) [별표1]에는 화장품의 유형 중 "체모 제거용 제품류(제모왁스)"가 포함되어 있으며,
- 시중에 유통되는 제모왁스처럼 피부에 사용하여 물리적으로 체모를 제거하는 사용목적과 효능·효과를갖는 제품인 경우 화장품법에 따른 화장품(체모 제거용 제품류)으로 판단됩니다.

Q10 코털제거 전용왁스가 화장품으로 등록되어 있나요?

✓ 정부합동발표 "생활화학제품안전관리대책"에 따라 「화장품법 시행규칙」개정('18.03.13.)을 통하여 화장(고형)비누, 제모왁스, 흑채를 '19.12.31.부터 화장품으로 전환·관리되고 있습니다.

- 다만, 해당 제모 왁스는 일반적인 피부(외피)에 사용하여 물리적으로 체모를 제거하는 사용목적과 효능·효과를 갖는 제품으로 코털을 제거하는 목적으로만 사용되는 물품인 경우 화장품법에 따른 화장품(체모 제거용 제품류)으로 판단하기 어려움을 알려드립니다.

※ 현행 화장품법에 따른 화장품의 사용대상은 인체의 외부(피부, 모발, 손·발톱 등)로 내부(구강점막, 코 점막, 귀의 안쪽 등)는 포함되지 않으며, 따라서 코 점막에 적용되는 물품은 화장품 정의에 부합하지 않아 화장품에 해당되지 않는 것으로 판단되니 참고하시기 바랍니다.

Q11 여드름 완화 및 트러블 부위에 부착하는 하이드로콜로이드 패치가 화장품으로 분류되나요?

✓ 일반적으로 피부의 상처난 피부 부위에 사용하며 피부의 재생 등을 목적으로 사용하는 물품은 화장품법 정의에 부합하지 않아 화장품에 해당하지 않습니다.

- 또한, 제품의 사용목적과 표방하고자 하는 효능·효과 등이 여드름이 생긴 피부의 보호와 처치·완화 등의 사용목적을 갖는 물품이라면 화장품 정의에 부합하지 않아 화장품에 해당하지 않으며, 하이드로콜로이드 제품은 국내에서 의약품, 의약외품 등으로 허가된 제품들이 있어 상기 물품이 화장품 이외의 타 물품에 해당하는지 여부는 추가 문의가 필요할 것으로 사료됩니다.

Q12 공방에서 생산한 향수와 방향제는 화장품인가요?

✓ 인체에 사용하는 향수는 화장품으로 분류되고 있으므로 기존의 화장품 법령에 따라 제품이 관리되어야 합니다.

✓ 다만, 공기 중이나 섬유의 냄새를 좋게 하는 방향제, 탈취제의 경우 화장품이 아니며 「생활화학제품 및 살생물제의 안전관리에 관한 법률(약칭:화학제품안전법, 시행 2019.1.1.)」에 따라 '안전확인대상생활화학제품'으로 분류하여 환경부에서 관리하고 있으므로 참고하시기 바랍니다.

Q13 헤나 스티커로 피부에 붙이면 약 2주 정도 유지된 후 제거되는 방식인데 화장품으로 판매 가능한가요?

✓ '헤나 스티커'는 조성 상 '헤나'로 통칭하는 헤나속 식물(Lawsonia inermis 등)을 이용한 제품이 아니며, 일반적인 바디페인팅제품(분장용 화장품 등을 손, 스펀지, 붓, 스텐실 따위로 바르는 방식의 제품)에도 해당하지 않는 것으로 파악됩니다.

✓ 아울러 해당 제품은 공정 및 원료 구성 상 제조 시 특정한 도안, 문구 등을 고분자 물질로 구성된 전사지에 인쇄하여 피부에 부착하는 모형문신 등으로 파악되는 바, 동 법령에 따른 화장품 정의에는 부합하지 않아 화장품에 해당하지 않음을 알려드립니다.

화장품의 유형

Q14 허용색소가 모발에 일시적으로 색상을 나타내게 하는 제품인데 화장품 유형분류가 어떻게 되나요?

✓ 「화장품법」 제4조 및 같은법 시행규칙 제2조제6호에서 모발의 색상을 변화(탈염·탈색 포함)시키는 기능을 가진 화장품을 '기능성화장품'의 범위로 정하고 있으며, 일시적으로 모발의 색상을 변화시키는 제품은 제외한다고 규정하고 있습니다.

✓ 기능성화장품에 해당하는 염모제 외에 일시적으로 모발의 색상을 변화시키는 제품의 경우 '화장품 사용할 때의 주의사항 및 알레르기 유발성분 표시에 관한 규정(식약처 고시)' 별표 1에서 정하고 있는 화장품 유형 중 두발 염색용 제품류인 헤어틴트 또는 헤어 컬러스프레이 제품에 해당할 것으로 판단됨을 알려드립니다.

Q15 속눈썹 퍼머넌트웨이브와 헤어 퍼머넌트웨이브 제품을 생산하려는데 유형이 어떻게 되나요?

✓ 「화장품 사용할 때의 주의사항 및 알레르기 유발성분 표시에 관한 규정」 [별표1] 화장품 유형에서 '속눈썹용 퍼머넌트 웨이브'는 '눈 화장용 제품류'로, '헤어 퍼머넌트 웨이브'는 '두발용 제품류'로 분류하고 있습니다.

Q16 두발 염색용 제품을 가르마 및 두피 등 다른 부위에 사용하려고 하는데 화장품 유형이 무엇인가요?

✓ 화장품의 해당 여부는 해당 물품의 구성성분·사용목적·사용방법·형태·작용원리 등이 화장품의 정의에 부합하는지 여부를 토대로 종합적으로 판단하여야 합니다.

✓ 해당 제품이 두발이 아닌 두피에 발라 색깔을 입히는 목적으로 사용되는 제품이라면 해당 제품은 두발염색용 제품류에 해당하지 않을 것으로 판단되며 색조 화장용 제품류로 보는 것이 적절할 것으로 사료됩니다.

- 「화장품 안전기준 등에 관한 규정」(식약처 고시) 및 「화장품 색소의 종류와 기준」(식약처 고시)에서는 화장품에 사용금지 또는 제한이 있는 원료와 색소의 기준 등을 지정하여 고시하고 있으므로 제품 유형을 고려하여 동 안전기준 등을 준수하여 사용하시기 바랍니다.

Q17 화장품 유형 중 영유아용 헤어오일은 어디에 속하나요?

✓ 해당 제품이 영유아에게 사용되는 오일인 경우, 「화장품 사용할 때의 주의사항 및 알레르기 유발성분 표시에 관한 규정」(식약처고시) [별표1] 제1호 가목. 3세 이하의 영유아용 제품류 3) 영유아용 오일에 해당될 수 있을 것으로 판단됨을 알려 드립니다.

✓ 참고로, 영유아 또는 어린이가 사용할 수 있는 화장품으로 특정하여 표시·광고한 제품의 경우, 「화장품법」제4조의2 및 같은 법 시행규칙 제10조의2에 따라 화장품 책임판매업자는 "제품별 안전성 자료"(안전성 평가 자료, 효능·효과 증명 자료 등)를 작성 및 보관하여야 함을 알려드리니 사용목적, 사용부위 등에 대하여 검토하시는 등 업무에 만전을 기하시기 바랍니다.

Q18 수분공급 및 보습을 목적으로 하는 토너, 앰플, 세럼, 미스트 등은 화장품 유형이 무엇인가요?

✓「화장품 사용할 때의 주의사항 및 알레르기 유발성분 표시에 관한 규정」[별표 1] 에서는 화장품의 유형을 규정하고 있으며, 일반적으로 제품의 주된 사용 목적과 효능·효과 등을 고려하여 화장품책임판매업자의 책임하에 화장품의 유형을 정하도록 하고 있습니다.

- 해당 제품들이 피부에 발라 흡수시키는 제품으로 수분 공급, 보습 등을 주기 위한 목적으로 사용하는 제품이라면 동 규정 [별표 1] 화장품의 유형 카목. 기초화장품 제품류 중 11) 그 밖의 기초화장용 제품류에 해당할 수 있을 것으로 사료 됨을 알려드리니 업무에 참고하여 주시기 바랍니다.

Q19 헤어와 바디에 뿌리는 미스트 타입으로 향을 내고 수분 충전 효과가 있는데 화장품 유형이 무엇인가요?

✓ 화장품의 해당 여부는 해당 물품의 구성성분·사용목적·사용방법·형태·작용원리 등이 화장품의 정의에 부합하는지 여부를 토대로 종합적으로 판단하여야 합니다.

✓「화장품 사용할 때의 주의사항 및 알레르기 유발성분 표시에 관한 규정」 [별표1]에서는 화장품의 유형을 규정하고 있으며, 일반적으로 두 가지 이상의 기능을 갖는 복합제품의 경우에는 제품의 주된 사용목적과 효능·효과 등을 고려하여 유형을 정하는 것이 바람직할 것으로 판단됨을 알려드립니다. (예시: 신체에 보습효과를 위한 제품에 부가적으로 향을 첨가한 제품인 경우, '기초화장품 제품류'로 분류 등)

✓ 아울러, 하나의 제품에 두 가지 이상의 화장품 유형이 부합되는 경우, 각 유형별 적용되는 표시·기재, 안전기준, 품질관리 사항 등 화장품 법령에서 정하고 있는 기준에 모두 부합하도록 관리하는 것이 바람직함을 알려드리니 업무에 참고하여 주시기 바랍니다.

제2장

화장품의 제조·유통

제2장 화장품의 제조·유통

1 영업의 등록

Q20 제품을 벌크 단위로 포장하여 타 업체에서 1차 및 2차 포장을 하는 경우 화장품제조업 등록 대상인가요? 등록 대상이라면 절차 및 구비서류는 어떻게 되나요?

✓ 「화장품법」 제3조 및 같은 법 시행규칙 제3조에 따라 화장품의 전부 또는 일부(2차 포장 또는 표시만의 공정은 제외)를 제조하려는 자는 소재지 관할 지방식약청장에게 화장품제조업을 등록하여야 합니다.

✓ 따라서 원료와 원료를 혼합하여 1차 포장 이전까지 제조(벌크제품)하고 다른 제조업체에 위탁하여 '1차 및 2차 포장(충전·포장)'을 한 후 유통·판매하려는 경우에 해당한다면, 상기 규정에 따라 두 업체 모두 '화장품제조업' 등록 대상으로 판단됩니다.

✓ 아울러 「화장품법 시행규칙」 제6조제1항에서는 화장품제조업자가 갖추어야 할 시설을 다음과 같이 규정하고 있습니다.

1. 제조 작업을 하는 다음 각 목의 시설을 갖춘 작업소
   가. 쥐·해충 및 먼지 등을 막을 수 있는 시설
   나. 작업대 등 제조에 필요한 시설 및 기구
   다. 가루가 날리는 작업실은 가루를 제거하는 시설
2. 원료·자재 및 제품을 보관하는 보관소
3. 원료·자재 및 제품의 품질검사를 위하여 필요한 시험실
4. 품질검사에 필요한 시설 및 기구

✓ 다만 「화장품법」 제3조제2항 및 같은 법 시행규칙 제6조제2항에서는 다음 각 호의 경우 그 구분에 따라 시설의 일부를 갖추지 아니할 수 있도록 규정하고 있습니다.

1. 제조업자가 화장품의 일부 공정만을 제조하는 경우에는 해당 공정에 필요 한 시설 및 기구 외의 시설 및 기구
2. 다음 각 목의 어느 하나에 해당하는 기관 등에 원료·자재 및 제품에 대한 품질검사를 위탁 하는 경우에는 원료·자재 및 제품의 품질검사를 위하여 필요한 시험실 및 품질검사에 필요한 시설 및 기구

가. 「보건환경연구원법」 제2조에 따른 보건환경연구원

나. 원료·자재 및 제품의 품질검사를 위하여 필요한 시험실을 갖춘 제조업자

다. 「식품·의약품분야 시험·검사 등에 관한 법률」 제6조에 따른 화장품 시험·검사기관

라. 「약사법」 제67조에 따라 조직된 사단법인인 한국의약품수출입협회

✓ 「화장품법 시행규칙」 제3조제2항에 따라 화장품제조업 등록을 하려는 자는 같은 법 시행규칙 별지 제1호서식의 화장품제조업 등록신청서(전자문서로 된 신청서를 포함)에 다음 각 호의 서류(전자문서를 포함)를 첨부하여 제조소의 소재지를 관할하는 지방식약청장에게 제출하여야 합니다.

1. 화장품제조업을 등록하려는 자(법인인 경우에는 대표자)가 법 제3조의3제1호 본문(정신질환자)에 해당되지 아니함을 증명하는 의사의 진단서 또는 법 제3조의3제1호 단서에 해당하는 사람(전문의가 화장품제조업자로서 적합하다고 인정하는 사람)임을 증명하는 전문의의 진단서
2. 화장품제조업을 등록하려는 자가 법 제3조의3제3호(마약류 중독자)에 해당되지 아니함을 증명하는 의사의 진단서
3. 시설의 명세서

Q21 화장품을 소비자가 직접 혼합하여 만들어 사용할 수 있게 필요한 원료를 모두 칭량하여 DIY 키트로 판매하려면 영업 등록을 해야 하나요?

✓「화장품법」 제2조의2, 제3조 및 「화장품법 시행규칙」제3조, 제4조에 따라 화장품 완제품을 만들기 위한 원료가 모두 칭량되어 포함되어 있으며, 제공된 레시피대로 섞기만 하는 형태의 DIY 화장품 키트를 유통·판매하는 경우라면 화장품을 '일부' 제조하려는 자에 해당하여 '화장품제조업'을, 제조한 화장품 (DIY키트)을 유통·판매하기 위해서는 '화장품책임판매업'을 각각 소재지 관할 지방식약청에 등록하여야 합니다.

Q22 고형비누 베이스에 일부 원료(색소, 향료 등)를 혼합하여 맞춤형화장품으로 판매할 수 있나요?

✓ 비누 베이스에 일부 원료를 첨가하여 최종 제품을 만들어 판매하는 경우는 아래와 같이 두 가지 경우가 가능할 것으로 보입니다.

✓ 첫 번째, 화장품 제조업 및 책임판매업 등록을 한 업체에서 위 행위를 할 경우에는 불특정 다수를 대상으로 판매할 수 있습니다.

✓ 두 번째, 맞춤형화장품판매업으로 신고한 매장에서 특정 소비자를 대상으로 맞춤형 화장품으로서 조제하는 경우입니다.

- 이경우에는 화장품 책임판매업자와의 계약에 따라 책임판매업자로부터 제공받은 베이스 및 원료를 사용하여 맞춤형화장품을 '조제'하여 판매할 수 있습니다.

Q23 맞춤형화장품판매업과 화장품책임판매업 또는 화장품제조업을 동일한 상호 사용할 수 있나요?

✓「화장품법 시행규칙」 제8조의2에 따라 맞춤형화장품판매업소 별로 신고하여야 하므로 맞춤형화장품판매업자가 2개 이상의 판매업소를 운영하는 경우라면 판매장별로 상호에 지역 등을 추가하는 방법으로 서로 다르게 신고하여야 하며, 이에 따라 화장품책임판매업 또는 화장품제조업과 다른 상호로 신고할 수밖에 없습니다.

✓ 만약, 맞춤형화장품판매업자가 단 1개의 판매업소(판매장)를 운영하는 경우라면 동일한 법인·사업자가 등록한 화장품책임판매업 또는 화장품 제조업에 한하여 동일한 상호 사용이 가능할 것으로 판단됨

Q24 화장품책임판매업과 동일한 소재지에 맞춤형화장품판매업 신고가 가능한가요?

✓ 화장품책임판매업자와 맞춤형화장품판매업자가 동일한 경우 동일한 소재지에서 두 업종 운영이 가능할 것으로 판단됩니다.

✓ 이 경우 맞춤형화장품의 혼합·소분 장소는 별도로 구획되는 등 혼합·소분 과정에서 오염 등이 발생하지 않도록 철저히 관리하여야 할 것입니다.

Q25 고형 화장비누를 갈아서 만든 분말 형태의 비누도 제조 판매 가능한가요?

✓ 「화장품법」 제3조(영업의 등록), 같은 법 시행령 제2조(영업의 세무 종류와 범위) 및 같은 법 시행규칙 제3조(제조업의 등록 등), 제4조(화장품책임판매업의 등록 등)에서는 제조업 및 책임판매업 등록에 대해 규정하고 있습니다.

✓ 과거 정부 합동으로 발표한 '생활화학제품안전관리대책'에 따라 공산품이었던 화장비누는 화장품법에 따른 '화장품'으로 소관법령 및 관리의 주체가 전환되었습니다.

✓ '화장품'으로 전환된 '화장비누'는 국가기술표준원고시와 한국산업표준(KS)에 따른 공산품은 화장비누만을 의미하므로 이를 분쇄하여 건조 등의 추가적 공정을 더한 가루비누의 경우는 상기 화장비누에는 해당하지 않을 것으로 판단됨을 알려드립니다.

※ 가루, 분말 또는 액상의 비누는 '화장비누'의 물품 전환 이전에도 화장품법령에 따른 화장품에 해당하였음을 알려드립니다.

✓ 따라서 '가루비누'를 판매하고자 하는 경우, 화장비누제조업이 아닌 일반화장품 제조업으로 등록 사항을 변경하여야 하며, 시설 보강 및 책임판매관리자 자격기준 등에 따른 변경 관련 구비서류와 절차 등에 대해서는 소재지 관할 지방식품의약품 안전청에 문의하여 안내받으시기 바랍니다.

※ [참고] 구비서류 관련하여 각 지방청 홈페이지 공지사항 안내 참조

(예시) 서울지방식품의약품안전청(www.mfds.go.kr/seoul/index.do)→소통알림→ 화장품길라잡이

Q26 해외구매대행 화장품책임판매업 등록필증은 어떻게 받을 수 있나요?

✓「화장품법」 제3조(영업의 등록), 같은 법 시행령 제2조(영업의 세부 종류와 범위) 제2호 라목에서 수입대행형 거래(「전자상거래 등에서의 소비자보호에 관한 법률」 제2조제1호에 따른 전자상거래만 해당한다)를 목적으로 화장품을 알선·수여(구매대행)하는 영업을 화장품책임판매업의 범위로 규정하고 있습니다.

✓ 이와 관련하여, 해외구매대행(직구)이 국내 사업자가 온라인 쇼핑몰을 통해 국내 고객(구매자)의 주문 의뢰를 받아 해외에서 판매되는 화장품을 대신 구매하여 해외에서 물품을 소비자에게 바로 발송하는 형태, 알선·수여만 하는 영업이라면 상기 규정에 따라 라목 수입대행형 거래에 해당하여 화장품책임판매업 등록 대상임을 알려드립니다.

✓「화장품법」 제3조(영업의 등록)제3항에 따라 화장품책임판매업을 등록하려는 자는 「화장품법 시행규칙」 제8조에 따른 자격기준을 가진 책임판매관리자를 두어야 합니다.

- 다만, 「화장품법 시행령」 제2조제2호라목의 화장품책임판매업(수입대행형 거래(「전자상거래 등에서의 소비자보호에 관한 법률」 제2조제1호에 따른 전자상거래만 해당한다)를 목적으로 화장품을 알선·수여(구매대행)하는 영업)을 등록하려는 자는 상기 규정에 따른 책임판매관리자 자격 기준에서 제외한다고 규정하고 있습니다.

✓ 따라서, 상기 규정에 따른 수입대행형 거래를 목적으로 화장품을 알선·수여(구매대행)하는 영업을 하려는 경우, 화장품책임판매업 등록 대상에 해당하나, 책임판매관리자 자격 기준 규정에 해당하지 않음을 알려드리며, 이와 관련하여 구체적인 사항은 소재지 관할 지방식품의약품안전청으로 문의하여 주시기 바랍니다.

Q27 수출만을 목적으로 할 경우에도 화장품업 등록이 필요한가요?

✓ 「화장품법」 제30조에는 수출만을 목적으로 하는 제품은 제4조, 제8조부터 제12조까지, 제14조, 제15조제1호 · 제5호, 제16조제1항제2호 · 제3호 및 같은 조 제2항을 적용하지 아니하고 수입국의 규정에 따를 수 있다고 규정하고 있으나, 화장품책임판매업자의 업 등록을 규정한 제3조를 예외로 하고 있지 않습니다.

✓ 다만, 동 예외 조항은 화장품법의 모든 조항의 적용을 예외로 하고 있는 것은 아니므로 전량수출을 목적으로 하는 제품이라 할지라도 화장품 제조 및 유통은 화장품법 정의에 부합하는 제품이여야 하며, 제외되지 않는 관련 규정을 준수하셔야 함을 알려드립니다.

- 「화장품법」 제5조, 동법 시행규칙 제11조 및 제12조에 따라 화장품제조업자와 화장품 책임판매업자의 품질관리 의무, 제품표준서 등 작성 의무, 제조소와 시설 및 기구 관리, 책임판매 후 안전관리기준 등 화장품의 안전과 품질을 보증하기 위한 준수사항을 정하고 있는 바, 반드시 이를 준수하셔야 합니다.

✓ 아울러 화장품법령에서는 화장품 수출 절차와 관련된 사항을 규정하고 있지 않으나 「화장품의 생산·수입실적 및 원료목록 보고에 관한 규정」제3조에 따라 생산실적을 대한화장품협회에 보고하도록 되어 있음을 알려드립니다.

Q28 학교 또는 장애인시설, 복지관 등에서 비누를 제조하여 유통·판매할 경우, 화장품제조업과 화장품책임판매업 등록을 해야 하나요?

✓ 화장비누를 직접 또는 위탁 제조하고자 할 경우에는 '화장품 제조업' 등록을 하여야 하며 직접 또는 위탁 제조한 화장비누를 유통·판매(무상 증여를 포함함)하고자 할 경우에는 '화장품 책임판매업' 등록을 하여야 합니다.

✓ 따라서, 누구든지 직접 화장품을 제조하여 유통·판매도 직접 하고자 할 경우에는 화장품 제조업 및 화장품 책임판매업 두 가지 모두 등록하여야 하며, 책임판매업자의 위탁을 받아 제조만 하고 직접 유통·판매하지는 않을 경우에는 제조업 등록만 하면 됩니다.

Q29 화장품을 수입·판매 하려는 외국투자법인 회사로서 대표자는 외국인이며 한국에 체류하지 않고 외국인등록증도 없습니다. 화장품책임판매업 등록할 수 있나요?

✓ 「화장품법」 제3조, 같은 법 시행령 제2조 및 같은 법 시행규칙 제4조에 따라 직접 또는 화장품제조업자에게 위탁하여 제조된 화장품이나 수입한 화장품을 유통·판매하려는 자 및 수입대행형 거래를 알선·수여(구매대행)하려는 자는 소재지 관할 지방식약청에 화장품책임판매업을 등록하여야 합니다.

✓ 따라서, 사업자가 국내에 소재한 경우 상기 법령에 따라 영업을 등록하는 등 화장품법령을 준수해야 합니다.

✓ 다만, 해외사업자이며, 해외 사업자가 해외에서 해외 물품을 국내로 직배송하는 경우는 국내 화장품 법령에 따른 영업 등록 대상에 해당하지 않습니다.

Q30 향수베이스와 향수오일, 공병으로 구성된 제품을 판매할 수 있나요?

✓ 제품의 구성과 소비자가 제품을 사용하는 방법 등을 고려할 때 해당 제품은 소비자가 제품 구매 후 간단한 조작을 통해 직접 만들어 사용하는 형태의 DIY 화장품으로 파악됩니다.

- 향수베이스와 오일등으로 구성된 화장품을 제조하여 유통·판매하려는 경우 「화장품법」 제3조에 따라 화장품제조업 및 화장품책임판매업 등록이 필요하며, 해당 영업자는 같은 법 제5조 및 시행규칙 제11조와 제12조에 따른 의무사항을 준수하여야 함을 알려드립니다.

✓ 아울러, 「화장품법」 제16조에는 누구든지(맞춤형화장품조제관리사를 통하여 판매하는 맞춤형화장품판매업자 등 제외) 화장품의 용기에 담은 내용물을 나누어 판매하는 것을 금지하고 있으며, 위반 시 같은법 제37조에 따라 1년 이하의 징역 또는 1천만원 이하의 벌금에 처할 수 있음을 알려드리니 참고하시기 바랍니다.

Q31 '방과 후 학교'에서 학생들이 직접 화장비누를 만들어 지역 내 복지관에 무상기부하거나 학교 내 학생대상 플리마켓(바자회)에서 판매하는 것이 가능한가요?

✓ '방과 후 학교' 등에서 학생들이 만들어서 직접 사용하거나 가정에 가져가서 사용하는 것은 화장품법 적용 대상이 아닙니다.

✓ 그러나 불특정 다수에게 제공하는 것은 유·무상에 관계없이 화장품법 적용 대상이 되어 화장품 제조업 및 책임판매업 등록 대상이 됩니다.

Q32 장애인 복지시설에서 화장비누 등을 제조하여 유통·판매하는 경우 화장품법에 따른 영업 등록을 해야 하나요?

✓ 누구라도 화장비누 등 화장품을 직접 제조하여 유통·판매하는 경우에는 화장품 제조업 및 화장품 책임판매업을 등록하여야 합니다.

Q33 화장품 주원료를 수입·판매하려면 수입자에 대한 자격 요건이 있나요? 국내 화장품 제조업자에게 판매가 가능한지요?

✓ 「화장품법」 제3조에 따라 화장품의 전부 또는 일부를 제조하려는 자는 화장품 제조업을 직접 제조하거나 위탁하여 제조한 화장품을 유통·판매하거나 수입된 화장품을 유통·판매하려는 자는 화장품책임판매업을 소재지 관할 지방식약청장에게 등록을 하여야 합니다.

✓ 해당 원료 그 자체로 충전·포장된 제품이 「화장품법」 제2조 화장품의 정의에 부합하는 목적과 사용방법을 가진다면 이는 화장품으로 판단되어 영업등록 대상이 되나, "원료"가 화장품법에서 정하는 화장품이 아닌 경우 원료의 제조 또는 공급을 위한 화장품법령 상 별도의 업 등록을 정하고 있지 않습니다.

✓ 현행 「대외무역법」 관련 「통합공고」(산업통상자원부 고시) 제31조 등에서 화장품 원료 수입에 필요한 사항을 정하고 있으며, 이와 관련하여 수입 시 통관과 관련한 서류 및 절차 등에 관한 세부 사항은 표준통관예정보고 및 수출입요건확인 기관인 한국의약품수출입협회(02-2162-8000)로 문의하여 주시기 바랍니다.

2 화장품 제조업

화장품 제조업의 등록 등

Q34 근린시설이 아닌 소유자 시설, 주거시설 등도 화장품 제조업으로 등록할 수 있나요?

✓ 화장품법에서는 건축물 용도에 대한 기준 등을 별도로 정하고 있지 않습니다.

✓ 다만, 건물의 용도와 다른 목적으로 사용되고 있을 경우, 건축법에 저촉되어 시설을 철거해야 하는 등의 경우가 발생할 수 있으므로 반드시 사전에 해당 건물이 제조업이 허용되는 건물인지 관할 지자체 또는 국토교통부에 확인하시기 바랍니다.

Q35 화장품비누 제조시설 규모에 대한 면적(평수) 기준이 있나요?

✓ 화장품비누 제조시설 요건 중 규모(평수) 기준은 없습니다.

✓ 다만, 취급하고자 하는 제품에 대한 제조 및 품질관리를 적절히 수행할 수 있는 충분한 공간이 확보되어야 합니다.

Q36 화장품 공장 내에 의료기기 제조 가능한가요?

✓ 「화장품법」 제3조(영업의 등록) 및 같은 법 시행규칙 제6조제3항(시설기준 등)에 따라 제조업자는 화장품의 제조시설을 이용하여 화장품 외의 물품을 제조(다만, 제품 상호간에 오염의 우려가 있는 경우에는 그러하지 아니함)할 수 있습니다.

✓ 따라서, 제품의 특성과 제조시설의 환경 등을 고려하여 화장품의 일부 작업실에서 화장품 외의 물품을 제조하는 것은 가능할 수 있으나,

✓ 화장품 외의 물품 성분이 화장품에 혼입되는 경우 국민 보건상의 위해 우려가 있을 수 있으므로 화장품 제조업자는 생산되는 화장품 뿐 아니라 작업소, 시설·기구 등 작업환경 중 화장품 외의 물품 성분 함유량 등을 정기적으로 분석·모니터링(세척 밸리데이션 등 포함)하는 등 제품 상호 간 교차 오염이 없음을 철저히 검증 및 관리 하여야 함을 알려드립니다.

Q37 제조시설 중 방충·방서 시설은 무엇을 말하는 건가요?

✓ 벌레나 쥐의 출입을 막기 위하여 창문이나 출입구 등에 설치하는 방충망, 포충 등, 쥐트랩, 초음파퇴치기 등을 말합니다.

Q38 화장비누만을 생산하는 경우 화장품 제조업 시설기준이 어떻게 되나요?

✓ 화장품 제조업은 작업소, 보관소, 시험실 등을 갖추어야 하며, 작업소는 각 작업 단계의 특성에 따라 구획된 시설(세척실, 제조실, 포장실, 탈의실 등)을 갖추어야 하며, 쥐·해충 및 먼저 등을 막을 수 있는 시설, 작업대 등 제조에 필요한 시설 및 기구, 가루가 날리는 작업실은 가루를 제거하는 시설을 갖추어야 합니다.

- 다만, 화장비누만을 취급하는 제조업의 경우에는 화장비누의 작업 공정의 특성, 생산 규모 등을 고려하여 반드시 방으로 구획하지 않더라도 해당 작업을 위한 공간이 확보되도록 방 내에서 칸막이, 바닥에 선으로 표시하는 방법 등으로 구분·구획해야 합니다.

Q39 홈공방을 하고 있는데, 아파트 등 가정집에서도 화장품 제조업 등록을 할 수 있나요?

✓ 화장품법에서는 건축물 용도에 대한 기준 등을 별도로 정하고 있지 않으나, 일반적으로 제조업으로 등록하기 위해서는 근린생활시설 1종 이상의 건축물이어야 합니다.

Q40 화장품 제조업을 등록한 시설에서 화장품이 아닌 세탁비누, 향초 등을 만들어도 되나요?

✓ 「화장품법 시행규칙」 제6조 제3항에서는 '제조업자는 화장품의 제조시설을 이용하여 화장품 외의 물품을 제조할 수 있다.

- 다만, 제품 상호간에 오염의 우려가 있는 경우에는 그러하지 아니하다'로 규정되어 있습니다.

✓ 따라서, 제품 상호간의 오염우려가 없이 위 단서조항을 충족하는 경우에 화장비누 이외의 물품을 제조할 수 있습니다.

화장품제조업 등의 변경등록

Q41 화장비누 제조업을 등록하여 화장비누만을 제조하다가 향후 비누 이외의 화장품도 제조하고자 할 경우 절차는 어떻게 되나요?

✓ 화장비누만을 제조하기 위하여 완화된 제조업 시설기준으로 화장품 제조업을 등록한 경우에 추가로 다른 화장품을 제조하고자 하면 제조소의 시설을 보완한 후 제조소 소재지 관할 지방식품의약품안전청에 변경 등록을 하여야 합니다.

- 이때 지방식품의약품안전청은 시설에 대한 실태조사를 수행하며, 시설이 적합하지 않을 경우 변경 등록이 이루어지지 않을 수 있습니다.

※ [참고] 화장품으로 전환되기 이전에 화장비누를 제조하는 업체가 개정 법령 시행 이후에도 영업을 지속할 수 있도록 화장비누만을 제조하는 경우에 한하여 시설기준을 완화하는 등 차등을 두기 때문에, 화장비누 이외의 화장품을 제조하고자 할 때에는 일반 화장품 제조업자와 동등한 기준에 따라야 합니다.

Q42 화장품제조업 등록 했는데 제조공간을 확장하여 사용하고자 하면 어떻게 해야 하나요?

✓ 「화장품법」 제3조제1항(영업의 등록) 및 같은 법 시행규칙 제5조(화장품제조업 등의 변경등록)에 따라 화장품제조업자는 대표자, 상호, 소재지, 제조 유형 변경 등의 사유가 발생한 날부터 30일(행정구역 개편에 따른 소재지 변경의 경우에는 90일)이내에 해당 소재지 관할 지방식품의약품안전청에 변경 등록을 하여야 합니다.

- '제조소 소재지 변경' 등록이 필요합니다. 소재지 관할 지방식품의약품안전청으로 변경등록 신청하여야 합니다.

3 화장품 책임판매업

화장품 책임판매업의 등록 등

Q43 수입화장품을 인터넷쇼핑몰에서 판매하려면 구매대행형 화장품책임판매업을 등록해야 하나요? 그렇다면 화장품에 국문라벨을 부착해야 하는 건가요?

✓「화장품법」 제3조, 같은 법 시행령 제2조 및 같은 법 시행규칙 제4조에 따라 수입대행형 거래(전자상거래만 해당한다)를 목적으로 화장품을 알선·수여하려는 자는 소재지 관할 지방청에 화장품책임판매업을 등록하여야 합니다.

- 수입대행형 거래가 '국내사업자가 인터넷 쇼핑몰을 통해 국내고객(구매자)의 주문 의뢰를 받아 해외에서 물품을 소비자에게 바로 발송하는 형태'라면 상기 규정에 따라 화장품책임판매업 등록 대상임을 알려드립니다.

✓ 또한 「화장품법」 제10조 및 같은 법 시행규칙 제19조를 준수하여 표시·기재를 완료하여 유통·판매하는 것이 원칙이나, 수입대행형 거래의 경우 소비자 명의로 수입되어 바로 배송되는 특성에 따라 제품에 한글표시가 현실적으로 불가함을 고려하여 한글 표시기재 의무 예외를 적용하고 있음을 알려드립니다.

✓ 참고로, 「화장품법」 제5조, 같은 법 시행규칙 제12조에 따라 화장품책임판매업자는 화장품을 수입할 때마다 「대외무역법」에 따른 수출·수입요령을 준수하여야 하며, 「전자무역 촉진에 관한 법률」에 따른 전자무역문서로 표준통관예정보고를 하여야 합니다.

- 수입 시 관련 구비서류 및 세부절차 등에 관해서는 통관업무를 담당하고 있는 한국의약품수출입협회(02-2162-8000)로 문의하시어 처리하시기 바랍니다.

Q44 화장품 거래처에서 위탁 받아 단순 온라인 판매만 할 경우 화장품 판매관련 허가 절차가 따로 필요한가요?

✓「화장품법」 제3조, 같은 법 시행령 제2조 및 같은 법 시행규칙 제4조에 따라 직접 또는 화장품제조업자에게 위탁하여 제조된 화장품이나 수입한 화장품을 유통·판매 하려는 자 및 수입대행형 거래를 알선·수여(구매대행)하려는 자는 화장품책임판매업을 등록하여야 하며, 품질관리기준, 책임판매 후 안전관리기준 준수 의무, 생산실적 또는 수입실적 및 제조과정에 사용된 원료 목록 보고 의무 등 화장품법령을 준수하도록 하고 있습니다.

- 다만, 국내 화장품책임판매업자로부터 화장품을 공급받아 판매하는 단순판매자는 화장품법령에 따른 업등록 대상에 해당되지 않음을 알려드립니다.

Q45 국내에서 화장품 제조하고 전량 해외 수출할 경우에도 화장품책임판매업 등록이 필요한가요?

✓「화장품법」제3조, 같은 법 시행령 제2조 및 같은 법 시행규칙 제4조에 따라 직접 또는 화장품제조업자에게 위탁하여 제조된 화장품이나 수입한 화장품을 유통·판매하려는 자 및 수입대행형 거래를 알선·수여(구매대행)하려는 자는 화장품책임판매업을 등록하여야 하며,

- 품질관리기준, 책임판매 후 안전관리기준 준수 의무, 생산실적 또는 수입실적 및 제조과정에 사용된 원료 목록 보고 의무 등 화장품법령을 준수하도록 하고 있습니다.

✓「화장품법」 제30조에는 수출만을 목적으로 하는 제품은 제4조, 제8조부터 제12조까지, 제14조, 제15조제1호 · 제5호, 제16조제1항제2호 · 제3호 및 같은 조 제2항을 적용하지 아니하고 수입국의 규정에 따를 수 있다고 규정하고 있으나, 화장품책임판매업자의 업 등록을 규정한 제3조를 예외로 하고 있지 않습니다.

- 또한, 현행 「대외무역법」 관련 「통합공고」(산업통상자원부 고시) 제31조제1항제4호에서 화장품의 수출입시 취급자는 화장품책임판매업자로 규정하고 있음을 알려드리니 참고하시기 바랍니다.

Q46 화장품책임판매업 등록 시 필요조건 및 서류는 어떤 것이 있나요?

✓ 「화장품법」 제3조 및 같은 법 시행규칙 제4조에서는 화장품책임판매업자의 등록에 관한 사항을 정하고 있으며, 화장품책임판매업자는 같은 법 제5조 및 같은 법 시행규칙 제12조에 따라 품질관리기준, 책임판매 후 안전관리기준 준수 의무 등을 준수하여야 합니다.

- 이에 따라, 화장품책임판매업을 등록하려는 자는 책임판매관리자의 자격을 확인할 수 있는 서류를 비롯한 구비서류를 소재지의 관할 지방식품의약품안전청장에게 제출하도록 정하고 있으며, 지방식품의약품안전청에서는 제출받은 서류의 적절성을 검토 후 영업 등록 절차를 진행하고 있으므로, 영업 등록과 관련한 세부적인 사항은 소재지의 관할 지방식품의약품안전청에 문의하여 주시기 바랍니다.

Q47 A사가 제조한 비누를 B사가 단순히 판매만 할 때 B사도 화장품책임판매업 등록을 해야 하나요?

✓ 다른 화장품 책임판매업자로부터 공급받은 제품을 단순히 유통·판매하는 경우 화장품 책임판매업 등록 대상이 아닙니다.

✓ 그러나 다른 화장품 제조업자에게 위탁 제조하여 유통·판매하려는 경우에는 화장품 책임판매업 등록을 하여야 합니다.

✓ 또한, A사가 비누를 직접 제조하고 유통·판매하려는 경우에는 화장품 제조업 및 책임판매업 둘 다 등록하여야 합니다.

화장품 책임판매업 등의 변경등록

Q48 화장품책임판매업체 상호, 주소 변경등록 완료된 경우 기능성화장품 심사·보고서에도 일괄 반영되나요?

✓「화장품법」 제3조 및「화장품법 시행규칙」 제5조에 따라 화장품책임판매업자의 상호, 소재지 변경등록이 완료된 경우 "기능성화장품 심사결과통지서" 및 "기능성화장품 심사 제외 품목 보고서"를 재출력하면 일괄 반영되어 있습니다.

Q49 화장품책임판매업자 주소지 변경되었는데 기존 제작 된 부자재 사용에 대한 유예기간이 있나요? 그리고 이미 출고된 제품들은 어떻게 해야 하나요?

✓「화장품법」 제3조제1항 및「화장품법 시행규칙」제5조에 따라, 화장품책임판매업자는 상호, 소재지, 책임판매관리자 및 책임판매 유형 변경 등의 사유가 발생한 날부터 30일(행정구역 개편에 따른 소재지 변경의 경우에는 90일)이내에 해당 소재지 관할 지방식품의약품안전청에 변경 등록을 하여야 합니다.

✓「화장품법 시행규칙」 제19조제7항 관련 [별표4]제2호가목에는 영업자의 주소는 등록필증 또는 신고필증에 적힌 소재지 또는 반품·교환 업무를 대표하는 소재지를 기재·표시해야 한다고 정하고 있습니다.

✓ 원칙적으로 화장품책임판매업자의 주소가 변경된 경우, 변경등록이 완료된 즉시 변경된 주소를 기재·표시 하여야 하나,

- 다만, 영업자의 상호, 고객상담 전화번호 및 홈페이지 등의 변경 없이 영업자의 주소(소재지)만이 변경된 경우에는 포장재의 기재사항을 근거로 제품문의나 불만접수 창구 등이 유지되는 경우에 한해 신규 포장재의 제작기간 등을 감안하여 변경등록 시점부터 2개월 동안은 기존 포장재 사용을 허용하고 있음을 알려드리며, 변경등록이 완료된 시점부터 2개월이 경과된 후에는 변경된 사항을 반영하여 (오버레이블링 등) 기재·표시하여야 함을 알려드립니다.
- 아울러, 변경등록일 이전에 생산되어 시장출하가 승인된 제품에 대하여는 수정 등 별도의 조치 없이 판매가 가능할 것으로 사료됨을 알려드립니다.

Q50 화장품 책임판매업체의 사업자등록증의 상호명과 등록번호가 변경된 경우 책임판매업등록필증도 변경해야 하나요? 또한 기능성화장품 심사제외품목 보고도 모두 취하 후 재보고 해야하는지요?

✓「화장품법」 제3조제1항 및 같은 법 시행규칙 제5조에 따라 화장품책임판매업자의 상호 변경(법인인 경우에는 법인의 명칭 변경)의 사유가 발생한 경우에는 변경사유가 발생한 날부터 30일 이내에 관할 지방식품의약품안전청에 변경등록을 해야함을 알려드립니다.

✓ 아울러 「화장품법」 제13조(부당한 표시·광고 행위 등의 금지)에서는 기능성화장품의 심사결과와 다른 표시·광고, 사실과 다르게 소비자를 속이거나 소비자가 잘못 인식하도록 할 우려가 있는 표시·광고를 하지 못하도록 규정하고 있습니다.

- 제품이 「화장품법」 제4조 및 같은 법 시행규칙 제9조에 따라 심사를 받지 아니하고 보고서를 제출한 기능성화장품이며 업체 상호 등의 변경으로 기존의 보고 내용과 상이한 경우, 해당 기능성화장품 보고를 취하하여 재보고한 후 해당 품목을 유통·판매하여야 하니 업무에 참고하시길 바랍니다.

Q51 화장품 책임판매업을 다른 업체로 양도양수할 경우 자사가 구비해야 하는 서류가 있나요?

✓ 「화장품법」제3조 및 같은 법 시행규칙 제5조에서는 화장품 제조업 등의 변경등록에 관한 사항을 정하고 있습니다.

- 화장품책임판매업자의 변경 등 동 규정에서 정하는 변경등록을 하는 경우에는 소재지 관할 지방식품의약품안전청에 변경등록을 하여야 함을 알려드립니다.

✓ 또한, 같은 법 제26조에 따라 영업자가 사망하거나 그 영업을 양도한 경우 또는 법인인 영업자가 합병한 경우에는 그 상속인, 영업을 양수한 자 또는 합병 후 존속하는 법인이나 합병에 따라 설립되는 법인이 그 영업자의 의무 및 지위(행정제재처분 효과 포함)를 승계하여야 함을 알려드립니다.

※ [참고] 등록 구비서류

① 화장품제조업 및 책임판매업 변경등록신청서

② 행정처분 내용 고지확인성

③ 사업 양도양수계약서 공증서

④ 대표자 주민번호 명시

⑤ 법인등기부등본(말소사항포함/법인에 한함)과 사업자등록증

⑥ 업 지위승계에 의해 관리자나 유형의 변경이 있을 시, 증명하는 서류

Q52 화장품책임판매업 양도양수 시 기능성화장품 심사·보고 제품 및 원료 목록보고 등 관련 자료 모두 양도 되나요?

✓ 「화장품법」 제26조에 따라 영업자가 사망하거나 그 영업을 양도한 경우 또는 법인인 영업자가 합병한 경우에는 그 상속인, 영업을 양수한 자 또는 합병 후 존속하는 법인이나 합병에 따라 설립되는 법인이 그 영업자의 의무 및 지위(행정제재처분 효과 포함)를 승계하여야 합니다.

- 아울러, 같은 법 시행규칙 제9조에 따라 심사를 받은 기능성화장품에 대한 권리를 양도·양수하려는 경우 영업자의 상호 변경 등 기능성화장품 변경 심사를 신청하여야 하고, 보고한 기능성화장품은 취하 후 재보고를 하여야 합니다.
- 또한, 「화장품법」 제5조 및 동법 시행규칙 제13조에 따라 화장품책임판매업자는 화장품의 제조과정에 사용된 원료의 목록을 화장품의 유통·판매 전까지 보고해야 하며, 보고한 목록이 변경된 경우에도 또한 같습니다.

✓ 상기 법령에 따라 화장품책임판매업을 양도한 경우 양수 업체의 책임판매관리자가 양수한 화장품을 품질관리 및 책임판매 후 안전관리하여야 함을 알려드립니다.

책임판매관리자의 자격기준 등

Q53 화장품책임판매업체의 대표자 본인이 품질관리업무 2년 경력자이며 10인이하 사업장임을 증빙할 경우 책임판매관리자 겸임 가능한지요?

✓ 「화장품법」 제3조제3항 및 같은 법 시행규칙 제8조제2항에 따라 화장품책임판매업자는 화장품의 품질관리, 책임판매 후 안전확보 업무 등을 관리할 수 있는 책임판매관리자를 두어야 하며, 책임판매관리자의 자격기준은 「화장품법 시행규칙」 제8조제1항에서 정하고 있습니다.

✓ 또한 동 규정 제3항에 따라 상시근로자수가 10명 이하인 화장품책임판매업을 경영하는 화장품책임판매업자(법인인 경우에는 그 대표자)가 상기 책임판매관리자의 자격을 갖춘 경우에는 책임판매관리자의 직무를 수행할 수 있으며, 이 경우 책임판매관리자를 둔 것으로 볼 수 있습니다.

✓ 동 규정 제1항제4호에서는 화장품 제조 또는 품질관리 업무에 2년 이상 종사한 경력이 있는 사람을 책임판매관리자의 자격을 갖춘 것으로 인정하고 있으므로, 화장품 제조 또는 품질관리 업무에 2년 이상 직접적으로 종사하였음을 경력증명서 등의 문서로 증빙이 가능하다면 책임판매관리자 자격이 있는 것으로 판단되며, 동시에 상시 근로자수가 10명 이하인 경우 화장품책임판매업자(대표자)가 책임판매관리자를 겸임할 수 있음을 알려드립니다.

Q54 화장품책임판매업과 맞춤형화장품판매업을 동시에 신청하고 대표가 각각 책임판매업관리자와 맞춤형화장품조제관리사를 겸임할 수 있나요?

✓ 현재 「화장품법」에 화장품책임판매업과 맞춤형화장품판매업을 동시에 등록하는 사항에 대하여 별도로 제한하는 규정은 없으므로, 화장품책임판매업과 맞춤형화장품판매업 동시 등록은 가능합니다.

- 또한,「화장품법 시행규칙」 제8조제3항에 따라 상시근로자수가 10명 이하인 화장품책임판매업을 경영하는 화장품책임판매업자가 화장품책임판매관리자의 자격이 있는 경우, 해당 사람은 책임판매관리자의 직무를 함께 수행할 수 있으며,
- 「화장품법 시행규칙」 제8조제1항에 따라 맞춤형화장품조제관리사 자격시험에 합격한 사람은 책임판매관리자 자격을 가질 수 있으므로, 화장품책임판매업 대표가 맞춤형화장품조제관리사 자격 시험에 합격한 경우에는 화장품책임판매관리자와 맞춤형화장품조제관리사를 겸임할 수 있습니다.

Q55 현재 책임판매업체에서 책임판매관리자로 재직 중에 있는 자가 다른 업체에서 겸직이 가능한가요?

✓ 「화장품법」 제3조제3항 및 같은 법 시행규칙 제8조제2항에 따라 화장품책임판매업자는 화장품의 품질관리, 책임판매 후 안전확보 업무 등을 관리할 수 있는 책임판매관리자를 두어야 하며, 책임판매관리자의 자격기준은 「화장품법 시행규칙」 제8조제1항에서 정하고 있습니다.

✓ 또한 동 규정 제3항에 따라 상시근로자수가 10명 이하인 화장품책임판매업을 경영하는 화장품책임판매업자(법인인 경우에는 그 대표자)가 상기 책임판매관리자의 자격을 갖춘 경우에는 책임판매관리자의 직무를 수행할 수 있으며, 이 경우 책임판매관리자를 둔 것으로 볼 수 있습니다.

✓ 현재 화장품법령에서 책임판매관리자의 겸임(직) 가능 여부에 대해 규정하고 있지는 아니하나, 책임판매관리자의 업무와 다른 종류의 업무를 수행하는 것은 업체 간 물리적인 거리, 업무의 종류 및 양, 계약관계 등을 고려하여 책임판매관리자로서의 화장품 법령에서 부여된 의무를 충분히 이행할 수 있음을 문서 등으로 확인 가능한 경우에만 제한적으로 가능할 것으로 판단됩니다.

Q56 맞춤형화장품조제관리사 자격시험에 합격했는데 책임판매관리자가 될수 있나요?

✓ 화장품 책임판매관리자 자격 기준은 화장품의 품질관리 및 안전확보를 관리해야 하는 책임판매관리자의 업무를 고려하여, 관련된 최소한의 지식을 갖춘 자를 책임판매관리자의 자격 요건으로 정하였습니다.

- 책임판매관리자의 자격기준은 「화장품법 시행규칙」 제8조제1항제3의4호에 따라 법 제3조의2제2항에 따른 맞춤형화장품조제관리사 자격시험에 합격한 사람입니다.
- 맞춤형화장품조제관리사 자격시험에 합격한 사람은 상기 규정에 따라 화장품책임판매관리자 자격 기준에 해당합니다.

Q57 뷰티학과 전문학사 또는 환경공학과 3년 전문학사로 졸업하고 해당 업무 1년 경력이면 책임판매관리자 자격이 되나요?

✓ 「화장품법 시행규칙」 제8조제1항제3호에서는 「고등교육법」 제2조제4호에 따른 전문대학 졸업자로서 화학·생물학·화학공학·생물공학·미생물학·생화학·생명과학·생명공학·유전공학·향장학·화장품과학·한의학과·한약학과 등 화장품 관련 분야를 전공한 후 화장품 제조 또는 품질관리 업무에 1년이상 종사한 경력이 있을 경우 책임판매관리자로 등록할 수 있도록 정하고 있습니다.

✓ 이에 따라, 화장품과 관련이 없는 분야의 전문학사를 취득하였을 경우, 화장품 제조 또는 품질관리 업무에 1년이상 종사한 경력이 있더라도 책임판매관리자 자격은 인정되지 않을 것으로 사료됩니다.

Q58 수의학과 졸업 및 수의사 면허증을 보유하고 화장품 브랜드사에서 1년 이상 화장품 기획개발 업무에 종사했는데 책임판매관리자 자격에 해당하나요?

✓「화장품법 시행규칙」 제8조(책임판매관리자의 자격기준 등)제1항제2호에 따르면 이공계(「국가과학기술경쟁력강화를 위한 이공계지원 특별법」 제2조제1호에 따른 이공계를 말한다) 학과 또는 향장학·화장품과학·한의학·한약학·간호학 등을 전공하여 학사 이상의 학위를 취득(법령에서 이와 같은 수준 이상의 학력이 있다고 인정하는 경우를 포함한다)한 사람을 책임판매관리자 자격을 부여하고 있으며,

- 제3호에서는 화학·생물학·화학공학·생물공학·미생물학·생화학·생명과학 등 화장품 관련 분야를 전공하여 전문학사 학위를 취득(법령에서 이와 같은 수준 이상의 학력이 있다고 인정하는 경우를 포함한다)한 후 화장품 제조 또는 품질관리 업무에 1년 이상 종사한 경력이 있는 사람에게 책임판매관리자 자격을 부여하고 있습니다.
- "수의학과 졸업 및 1년 이상 화장품 기획개발 업무에 종사"가 상기 규정에 해당된다면, 책임판매관리자 자격 기준에 해당된다고 판단됩니다.

Q59 수입대행형거래를 하는 화장품 책임판매업자도 책임판매관리자를 선임해야 하나요?

✓「화장품법」 제3조제3항에서는 화장품책임판매업자는 화장품의 품질관리 및 책임판매 후 안전관리에 관한 기준을 갖추어야 하며 이를 관리할 수 있는 관리자(책임판매관리자)를 두도록 하고 있습니다. 수입대행형 거래를 하는 화장품책임판매업자에 대한 예외규정은 없음을 알려드립니다.

✓ 다만, 「화장품법 시행규칙」 제8조제1항에서는 화장품책임판매업자가 두어야 하는 책임판매관리자의 자격기준을 규정하고 있으나 수입대행형 거래(전자상거래만 해당한다)를 목적으로 화장품을 알선·수여하려는 자는 제외하고 있어, 수입대행형 거래를 하고자 하는 화장품업자의 책임판매관리자는 별도의 자격 기준은 없습니다. 그러나 책임판매관리자는 두어야 하며, 소재지 관할 지방식품의약품안전청에 업 등록 신청 시 관리자를 지정하여 관련서류를 제출해야함을 알려드립니다.

Q60 식품공학의 경우 일부 식품학과의 명칭이 생명과학과이기도 한데 책임판매관리자 자격에 해당되나요?

✓ 화장품 책임판매관리자 자격 요건은 「화장품법」 제3조제3항 및 같은 법 시행규칙 제8조제1항부터 제4호까지의 어느 하나에 해당하는 사람입니다.

- 화장품 책임판매관리자 자격 기준은 화장품의 품질관리 및 안전확보를 관리해야 하는 책임판매관리자의 업무를 고려하여, 관련된 최소한의 지식을 갖춘 자를 책임판매관리자의 자격 요건으로 정하였습니다.

✓ 「화장품법 시행규칙」 제8조제1항에 따르면 책임판매관리자의 자격기준은 「의료법」에 따른 의사 또는 「약사법」에 따른 약사, 이공계(「국가과학기술 경쟁력 강화를 위한 이공계지원 특별법」 제2조제1호에 따른 이공계를 말한다) 학과 또는 향장학 · 화장품과학 · 한의학 · 한약학 · 간호학 · 간호과학 · 건강간호학 등을 전공하여 학사 이상의 학위를 취득한 사람, 화학 · 생물학 · 화학공학 · 생물공학 · 미생물학 · 생화학 · 생명과학 · 생명공학 · 유전공학 · 향장학 · 화장품과학 · 한의학 · 한약학 · 간호학 · 간호과학 · 건강간호학 등 화장품 관련 분야를 전공하여 전문학사 학위를 취득한 후 화장품 제조 또는 품질관리 업무에 1년 이상 종사한 경력이 있는 사람, 화장품법 제3조의2제2항에 따른 맞춤형화장품조제관리사 자격시험에 합격한 사람, 그 밖에 화장품 제조 또는 품질관리 업무에 2년 이상 종사한 경력이 있는 사람입니다.

- '식품공학' 학위가 「이공계지원법」 제2조제1호상의 이학, 공학분야에 해당되는 경우(학사학위에 '이학사', '공학사' 표기) 「이공계지원법」 제2조제1호상의 이공계에 해당되어 화장품 책임판매관리자 자격 부여가 가능합니다.

Q61 화장품 책임판매관리자 등록시 이공계학과 학사는 아닌데 석사가 이학(理學)인 경우 자격이 되나요?

✓「화장품법」 제3조제3항에 따라 화장품책임판매업을 등록하려는 자는 책임판매관리자를 두어야 하며, 같은 법 시행규칙 제8조제2항에 따라 책임판매관리자는 품질관리기준에 따른 품질 관리 업무,책임판매 후 안전관리기준에 따른 안전확보 업무 등을 수행하여야 합니다.

✓ 또한,「화장품법 시행규칙」 제8조제1항제2호에「국가과학기술경쟁력강화를 위한 이공계지원 특별법」(이공계지원법) 이공계 학과 또는 향장학·화장품과학·한의학·한약학과 등을 전공하여 학사 이상의 학위를 취득한 사람은 책임판매관리자로 등록할 수 있도록 정하고 있습니다.

✓ 따라서, 이공계학과가 아닌 학사를 취득한 후 이공계 이학 석사 학위'를 취득하였다면 책임판매관리자 자격이 인정됩니다.

✓「화장품법 시행규칙」 제4조에 '화장품책임판매업을 등록하려는 자는 책임판매관리자의 자격을 확인할 수 있는 서류를 첨부하여 지방식품의약품안전청에 등록신청서를 제출하고, 지방식품의약품안전청은 요건을 갖춘 경우 책임판매업 등록필증을 발급'하도록 정하고 있으므로 소재지 관할 지방식품의약품안전청에 문의하신 후 종합적인 검토를 받아 등록 절차를 진행해 주시기 바랍니다.

Q62 화장품책임판매관리자의 자격 요건 중, '이공계'에 해당하는지 어떻게 확인할 수 있나요?

✓ 「화장품법 시행규칙」 제8조에 따라 책임판매관리자의 자격요건은 '학위수여증', '졸업증명서' 등 공인된 문서로 확인하고 있습니다.

✓ '자연과학대학' 졸업자 또는 '공과대학' 졸업자, '공학사', '이학사' 또는 '농학사'라고 명시된 졸업장(학위수여증) 또는 졸업증명서를 구비하신다면 책임판매관리자로 등록이 가능할 것입니다.

✓ 또한 이공계 학과의 경우, 한국교육개발원에서 발간한 "학과분류 자료집"의 "III. 학과분류체계'의 공학계열 및 자연계열을 참고하실 수 있습니다.

Q63 화장품 책임판매관리자 등록하려면 반드시 자사에 재직중인 직원이나 대표여야 하나요?

✓ 「화장품법」 제3조제3항 및 같은 법 시행규칙 제8조제2항에 따라 책임판매업자는 화장품의 품질관리, 책임판매 후 안전확보 업무 등을 관리할 수 있는 책임판매관리자를 두어야 하며, 책임판매관리자는 「화장품법 시행규칙」 제8조제1항제1호부터 제4호까지의 어느 하나에 해당하는 사람이어야 합니다.

- 현행 화장품 법령에서 책임판매관리자의 고용 형태 등에 대해 규정하고 있지는 않으나, 법령에서 부여된 의무를 충분히 수행할 수 있도록 정규직(상근직) 직원으로 임용하는 것이 적절하다고 판단됩니다.
- 책임판매업 및 관리자 등록과 관련하여 보다 구체적인 사항은「화장품법 시행규칙」 제4조에서 화장품책임판매업을 등록하려는 자는 책임판매관리자의 자격을 확인할 수 있는 서류를 첨부하여 지방식품의약품안전청에 등록신청서를 제출하고, 지방식품의약품안전청은 요건을 갖춘 경우 책임판매업 등록필증을 발급하도록 정하고 있으므로, 소재지 관할 지방식품의약품안전청의 종합적인 검토를 받아 등록 절차를 진행해 주시기 바랍니다.

Q64 경상대학 소속 정보시스템학부이며 이수과목도 공학관련 과목이 대부분인데 졸업증명서에는 경영학사로 표기되어 있으면 자격이 안되나요?

✓ 「화장품법」 제3조제3항에 따라 화장품책임판매업을 등록하려는 자는 책임판매관리자를 두어야 하며, 같은 법 시행규칙 제8조제2항에 따라 책임판매관리자는 품질관리기준에 따른 품질 관리 업무, 책임판매 후 안전관리기준에 따른 안전확보 업무 등을 수행하여야 합니다.

- 또한,「화장품법 시행규칙」제8조제1항제2호에 「국가과학기술경쟁력 강화를 위한 이공계지원특별법」(이공계지원법) 이공계학과 또는 향장학·화장품과학·한의학·한약학과 등을 전공하여 학사 이상의 학위를 취득한 사람은 책임판매관리자로 등록할 수 있도록 정하고 있습니다.
- 참고로, 이공계 학과 여부는 통상적으로 '졸업증명서'의 '이학사/공학사' 또는 '자연과학계열/공학계열'의 표기여부 등을 기준으로 판단하고 있음을 알려드립니다.

Q65 외국에서 화장품 제조·품질관리 업무에 2년 이상 종사한 경력이 있는데 책임판매관리자 등록 가능한가요?

✓ 「화장품법 시행규칙」 제8조제1항제4호에 따르면 책임판매관리자의 자격기준은 화장품 제조 또는 품질관리 업무에 2년 이상 종사한 경력이 있는 사람입니다.

- 해외에서 관련 업무에 종사한 경력을 인정받으려면 경력을 증명할수 있는 서류를 해당국 정부기관에서 증명서를 발급 및 공증받아 해당국 대한민국 대사관 또는 영사관에서 공증받은 서류여야 합니다.

- 한 국가의 문서가 다른 국가에서 인정받기 위해서는 문서의 국외사용을 위한 인증을 받아야 합니다. 이를 위해 아포스티유 확인 또는 영사 확인을 거쳐야 함을 알려드립니다.
- 이와 관련하여 외교부에서 제공하는 사이트(www.0404.go.kr) 아포스티유&영사확인 및 재외동포 365민원포털(공증·아포스티유)의 영사서비스를 참고하시기 바랍니다.
- 「화장품법 시행규칙」제4조에 화장품책임판매업을 등록하려는 자는 책임판매관리자의 자격을 확인할 수 있는 서류를 첨부하여 지방식품의약품안전청에 등록신청서를 제출하고, 지방식품의약품안전청은 요건을 갖춘 경우 책임판매업 등록필증을 발급하도록 정하고 있음을 알려드립니다.

Q66 외국에서 취득한 의사 혹은 약사 면허 소지자가 국내에서 책임판매관리자로 등록할 수 있나요?

✓「화장품법 시행규칙」 제8조제1항제1호에서는 「의료법」에 따른 의사 또는 「약사법」에 따른 약사인 경우 책임판매관리자로 등록할 수 있도록 정하고 있습니다.

- 「의료법」 제5조제1항제3호에 따르면 외국의 의학을 전공하는 학교(보건복지부장관이 정하여 고시하는 인정기준에 해당하는 학교를 말한다)를 졸업하고 외국의 의사 면허를 받은 자로서 제9조에 따른 예비시험 및 의사 국가시험에 합격한 후 보건복지부장관의 면허를 받은 자를 의사로 규정하고 있습니다.
- 또한, 「약사법」 제3조제2항제2호에 따르면 외국의 약학을 전공하는 대학(보건복지부장관이 정하여 고시하는 인정기준에 해당하는 대학을 말한다)을 졸업하고 외국의 약사면허를 받은 자로서 약사예비시험과 약사국가시험에 합격한 자에게 약사 면허를 부여하도록 규정하고 있습니다.
- "해외에서 의사 혹은 약사 면허를 취득한 자"가 상기 규정에 해당된다면, 책임판매관리자 자격기준에 해당된다고 판단됩니다.

Q67 책임판매관리자로 해외 대학 졸업한 외국인 채용이 가능한가요?

✓ 「화장품법 시행규칙」 제8조(책임판매관리자의 자격기준 등)에서는 책임판매관리자의 자격요건으로 「고등교육법」 제2조 각 호에 따른 학교(같은 조 제4호의 전문대학은 제외한다. 이하 이 조에서 "대학등"이라 한다)에서 학사 이상의 학위를 취득한 사람(법령에서 이와 같은 수준 이상의 학력이 있다고 인정한 사람을 포함한다. 이하 이 조에서 같다)으로서 이공계(「국가과학기술 경쟁력 강화를 위한 이공계지원 특별법」 제2조제1호에 따른 이공계를 말한다)학과 또는 향장학·화장품과학·한의학·한약학과 등을 전공한 사람'이어야 한다고 명시하고 있습니다.

- 해외 대학에서 학위를 취득한 경우(학위에 대한 공증자료 제출 시)에는 「고등교육법 시행령」 제70조(학력인정)제2항에 따라 외국교육자로 인정 가능할 것으로 사료되며, 「화장품법 시행규칙」 제8조제1항2호의 법령에서 이와 같은 수준이상의 학력이 있다고 인정한 사람임을 증명하여야 합니다.
- 한 국가의 문서가 다른 국가에서 인정받기 위해서는 문서의 국외사용을 위한 인증을 받아야 합니다. 이를 위해 아포스티유 확인 또는 영사 확인을 거쳐야 함을 알려드립니다.
- 이와 관련하여 외교부에서 제공하는 사이트(www.0404.go.kr) 아포스티유 & 영사 확인 및 재외동포 365민원포털(공증·아포스티유)의 영사서비스를 참고하시기 바랍니다.

✓ 참고로, 책임판매관리자의 자격을 확인할 수 있는 서류 및 국내거주자로서 '외국인등록증, 영주증 또는 외국국정동포 국내거소신고증을 첨부하여 소재지 관할 지방식품의약품안전청의 종합적인 검토를 받아 등록 절차를 진행해 주시기 바랍니다

Q68 2인 이하 공방형태로 화장비누만을 제조 판매하는 경우 책임판매관리자 요건이 어떻게 되나요?

✓ 「화장품법」 제3조제3항에 따라 화장품책임판매업을 등록하려는 자는 책임판매관리자를 두어야 하며, 같은 법 시행규칙 제8조제1항제3호의3에서는 '식품의약품안전처장이 정하여 고시하는 품목'의 경우 식품의약품안전처장이 정하여 고시하는 전문 교육과정을 이수한 사람이 책임판매관리자가 될 수 있다고 규정하고 있습니다.

✓ 또한, 「화장품 법령·제도 등 교육실시기관 지정 및 교육에 관한 규정」 제9조에 따라 상시근로자수가 2인 이하로서 직접 제조한 화장 비누만을 판매하는 화장품책임판매업자에 한해서는 전문 교육과정을 이수해 책임판매관리자의 자격기준을 인정받으실 수 있습니다.

✓ 따라서, 근로자수 2인 이하 업체에서 직접 제조한 화장 비누만을 판매하실 경우 소정의 전문교육을 수료하면 책임판매관리자로 자격기준을 인정 받을 수 있습니다.

Q69 화장비누 책임판매업의 책임판매관리자 자격 기준 완화의 내용은 무엇인가요?

✓ 「화장품법 시행규칙」 제8조(책임판매관리자의 자격 기준 등) 제1항 제3호의3 '식품의약품안전처장이 정하여 고시하는 전문 교육과정을 이수한 사람(식품의약품안전처장이 정하여 고시하는 품목에 한함)' 및 식약처 고시 「화장품 법령·제도 등 교육실시기관 지정 및 교육에 관한 규정」 제9조에 따라 식약처 지정 전문 교육을 받은 경우에 화장품 책임판매관리자 자격을 인정받을 수 있습니다.

※ [참고] 책임판매관리자란? 화장품 책임판매업 등록 시 화장품의 품질관리 및 책임판매 후 안전관리에 관한 기준을 갖추어야 하며, 이를 관리할 수 있는 관리자(책임판매관리자라 한다)를 두도록 규정하고 있음.

책임판매관리자 등의 교육

Q70 9월에 최초교육을 받으면 올해 보수 교육 받지 않아도 되나요?

✓ 「화장품법」제5조제7항에 따라 책임판매관리자는 화장품의 안전성 확보 및 품질관리에 관한 교육을 매년 받아야 하며, 같은 법 시행규칙 제14조제1항에 따라 보수 교육은 교육을 받은 날을 기준으로 매년 1회 받도록 규정하고 있습니다.

✓ 따라서, 책임판매관리자 교육을 받은 날을 기준으로 매년 1회 보수 교육을 받아야 하며, 책임판매관리자가 변경된 경우, 변경된 책임판매관리자가 최초 교육 또는 보수 교육을 받아야 함을 알려드립니다.

Q71 책임판매관리자 변경에 따라 기존 담당자가 보수교육 이수했다면 변경된 담당자는 당해 보수교육 이수하지 않아도 되나요?

✓ 「화장품법」 제3조제3항에 따라 화장품책임판매업을 등록하려는 자는 화장품의 품질관리 및 책임판매 후 안전관리에 관한 기준을 갖추어야 하고, 이를 관리할 수 있는 관리자인 책임판매관리자를 두어야 하며, 같은 법 제5조제7항에 따라 책임판매관리자는 화장품의 안전성 확보 및 품질관리에 관한 교육을 매년 이수하여야 합니다.

- 기존 책임판매관리자 교육 이수 여부와 무관하게 새로 임명된 책임판매관리자는 연내 교육 이수를 하셔야 합니다.
- 다만, 기존 책임판매관리자가 올해 교육을 이수하셨고, 새로 임명된 책임판매관리자가 「화장품법 시행규칙」 제14조제1항제1호에 따른 최초 교육 대상인 경우, 새로 임명된 책임판매관리자는 종사한 날로부터 6개월 이내 교육을 이수해야 하며,
- 기존 책임판매관리자 교육 이수와 무관하게 새로 임명된 책임판매관리자가 「화장품법 시행규칙」 제14조제1항제2호에 따른 보수 교육 대상이신 경우, 연내 교육을 이수하셔야 합니다.

Q72 책임판매관리자 교육을 연내 미이수 했을 경우 이수 기한 연장 가능한가요?

✓「화장품법」 제3조제3항에 따라 화장품 책임판매업을 등록하려는 자는 책임판매관리자를 두어야 하며, 같은 법 제5조에 따른 품질관리기준, 안전관리기준 준수 의무 등을 준수하여야 하고 해당 책임판매관리자는 화장품의 안전성 확보 및 품질관리에 관한 교육을 매년 받아야 합니다.

* 미이수시 같은 법 제40조제1항에 따라 과태료(50만원) 부과

- 이에 따라, 화장품책임판매업에 종사했던 책임판매관리자는 매년 1월부터 12월 사이에 교육을 이수하였어야 하며,
- 해당 기간 안에 이수하지 못했을 경우 교육 대상자 간 형평성 등을 고려하여 이수 기한 연장은 불가함을 알려드리니 양해하여 주시기 바랍니다.

Q73 화장 비누만을 제조·판매업 등록 시 책임판매관리자 자격이 어떻게 되나요?

✓ 화장품 책임판매관리자 자격 기준은 화장품의 품질관리 및 안전확보를 관리해야 하는 책임판매관리자의 업무를 고려하여, 관련된 최소한의 지식을 갖춘 자를 책임판매관리자의 자격 요건으로 정하였습니다.

- 화장품 책임판매관리자 자격기준은 「화장품법 시행규칙」제8조제1항제3호의3에 따라 "식품의약품안전처장이 정하여 고시하는 전문 교육과정을 이수한 사람(식품의약품안전처장이 정하여 고시하는 품목만 해당한다)"이며,
- 「화장품 법령·제도 등 교육실시기관 지정 및 교육에 관한 규정」(고시) 제9조에 따라 상시근로자수가 2인 이하로서 직접 제조한 화장 비누만을 판매하는 화장품 책임판매업자에 한해서는 전문 교육과정을 이수하여 책임판매관리자의 자격기준을 인정받으실 수 있습니다.

- 「화장품 법령·제도 등 교육실시기관 지정 및 교육에 관한 규정」(고시) 제10조에 따라 교육실시기관의 장은 「화장품법 시행규칙」 제8조제1항제3호의3에 따른 전문 교육과정을 운영할 수 있도록 규정하고 있으므로, 전문 교육과정 등 교육 운영에 관한 구체적인 내용은 화장품 교육실시기관(대한화장품협회, 한국의약품수출입협회, 대한화장품산업연구원)으로 문의하여 주시기 바랍니다.

Q74 책임판매업을 휴업 또는 폐업할 경우 책임판매관리자 교육 의무가 면제되나요?

✓「화장품법」 제5조제7항에 따라 책임판매관리자는 화장품의 안전성 확보 및 품질관리에 관한 교육을 매년 이수해야 하며, 같은 법 시행규칙 제14조제1항에 따라 "종사한 날로부터 6개월 이내"에 최초 교육을 이수하고, 최초 교육을 받은 날을 기준으로 매년 1회 교육을 이수해야 합니다.

- 현행 화장품 법령에서 휴업 및 폐업에 따른 책임판매관리자의 교육 면제에 대해 별도로 규정하고 있지 않습니다.
- 따라서 휴·폐업 여부와는 무관하게 책임판매관리자는 관련 법령에 따라 종사한 날로부터 6개월 이내 최초 교육을 이수하고, 최초 교육을 받은 날을 기준으로 매년 1회 교육을 이수하셔야 함을 알려드리니 참고하시기 바랍니다.

4 맞춤형화장품판매업

맞춤형화장품판매업의 신고

Q75 병·의원이나 약국 등에서도 맞춤형화장품판매업 신고 가능한가요?

✓ 현재 화장품 법령 상 병·의원이나 약국 등에 대하여 맞춤형화장품판매업의 영업을 제한하는 규정은 없습니다

✓ 다만, 환자에게 의료서비스를 제공하거나 의약품을 판매하는 병·의원이나 약국의 특성 상 병·의원이나 약국에서 판매하는 맞춤형화장품은 의약품으로 오인될 우려가 높을 것으로 판단됩니다

✓ 이에, "병·의원, 약국 등 의료기관"의 명칭이 포함된 상호명을 맞춤형화장품판매업의 상호명으로 사용하는 것은 권장하지 않습니다

✓ 또한 의약품으로 잘못 인식할 우려가 있는 내용, 제품의 명칭 및 효능·효과에 대한 표시·광고를 하지 않도록 철저히 관리하여야 할 것입니다

Q76 맞춤형화장품을 판매하려면 어떻게 해야 하나요?

✓ 매장에서 맞춤형화장품을 판매하려는 경우 맞춤형화장품판매업자는 판매장별로 "맞춤형화장품조제관리사" 자격증을 소지한 자를 고용하고, 관할 지방식품의약품안전청장에게 "맞춤형화장품판매업"을 신고해야 합니다

※ [참고] 신고 구비서류

① 맞춤형화장품판매업 신고서
② 맞춤형화장품조제관리사 자격증 사본
③ 건축물관리대장 사본
④ 임대차계약서 사본(임대의 경우에 한함)
⑤ 혼합·소분 장소·시설 등을 확인할 수 있는 세부 평면도 및 상세 사진

Q77 백화점에서 10일간 팝업스토어에서 맞춤형 향수 판매 가능한지요?

✓ 「화장품법」제3조의2에 따라 맞춤형화장품판매업을 하려는 사람은 맞춤형화장품판매업 신고를 하여야 하며, 맞춤형화장품의 혼합·소분 등 품질·안전 관리 업무에 종사하는 "맞춤형화장품조제관리사"를 두어야 합니다

✓ 영업을 신고한 맞춤형화장품판매업자가 「화장품법 시행규칙」 제8조의2제1항 단서에 따라 맞춤형화장품판매업의 한시적 영업(팝업스토어 등)을 관할 지방 식품의약품안전청에 신고하는 경우 해당 간이 매장 등에서 시설 기준을 간소화하여 맞춤형화장품을 판매할 수 있도록 하고 있으니 참고하시기 바랍니다.

Q78 향수 무인 자판기에서 원하는 향 선택하면 1회 분사되는 형태로 운영하는 것이 가능한가요?

✓ 자판기 방식으로 향수를 분사하여 제공(판매)하는 행위는 「화장품법」 제3조의2에 따른 맞춤형화장품(리필)에 해당하는 것으로 현행법에서는 화장품을 소분하여 판매하기 위해서는 맞춤형화장품판매업 신고가 필요함을 알려드립니다.

- 맞춤형화장품판매업을 하려는 사람은 「화장품법 시행규칙」 제8조의4에서 규정하는 바와 같이 시설기준을 갖추고(보건위생상 위해우려가 없는 경우는 제외), 맞춤형화장품의 혼합·소분 등 품질·안전 관리 업무에 종사하는 사람인 맞춤형화장품조제관리사를 두어야 합니다.

✓ 또한, 같은 법 시행규칙 제8조의2에서 정하고 있는 바와 같이 행사장 등에서 별도의 시설 없이도 1개월 이내의 범위에서 맞춤형화장품조제관리사를 두고 한시적 영업('팝업 매장' 등)을 할 수 있음을 알려드리니 참고하시기 바랍니다.

✓ 한편, 같은 법 제16조제2항에서는 '누구든지(맞춤형화장품조제관리사를 통하여 판매하는 맞춤형화장품판매업자 및 제2조제3호의2나목 단서에 해당하는 화장품 중 소분 판매를 목적으로 제조된 화장품의 판매자는 제외한다) 화장품의 용기에 담은 내용물을 나누어 판매하여서는 아니 된다'고 규정하고 있습니다.

- 맞춤형화장품판매업 신고 없이 해당 영업을 하는 경우 상기 규정에 저촉되어 같은 법 제36조에 따른 3년 이하의 징역 또는 3천만원 이하의 벌금 등에 처할 수 있음을 알려드리니 참고하시기 바랍니다.

✓ 참고로, 현행 법 제5조제3항에 따라 "맞춤형화장품판매업자는 소비자에게 유통 · 판매되는 화장품을 임의로 혼합 · 소분하여서는 아니 된다."라고 규정하고 있으므로 해당 내용물은 화장품책임판매업자로부터 맞춤형화장품의 소분 용도로 제공받아야 할 것으로 사료됨을 알려드립니다

Q79 호텔에서 대용량 화장품을 다회용 용기에 나누어 비치하려면 맞춤형화장품판매업 신고가 필요한가요?

✓ 「화장품법」 제16조(판매 등의 금지)제2항에서는 누구든지 화장품의 용기에 담은 내용물을 나누어 판매하여서는 아니된다고 규정하고 있습니다.(맞춤형화장품조제관리사를 통하여 판매하는 맞춤형화장품판매업자 및 제2조제3호의2나목 단서에 해당하는 화장품 중 소분 판매를 목적으로 제조된 화장품의 판매자는 제외한다.)

- 다만, 화장품책임판매업자가 대용량으로 제조하여 유통·판매한 화장품을 숙박업소 내에서 용기에 나누어 사용하는 것은 상기 규정에 따른 '판매(수여 포함)'행위로 간주할 수 없으므로 화장품법 위반사항에 해당한다고 보기 어려울 것으로 판단됨을 알려드립니다.

✓ 아울러, 해당 행위가 숙박업소의 객실 내 사용 등의 범주를 벗어나 화장품의 소분 판매 등 우회적인 유통·판매의 행위에 해당할 경우, 법령 위반으로 처벌될 수 있으니 각별히 주의하시기 바랍니다.

맞춤형화장품판매업자의 준수사항

Q80 맞춤형화장품판매업체가 구매대행하는 책임판매업자에게 완제품 향수를 구입해 소분 판매 가능한가요?

✓ 「화장품법」 제2조에서는 제조 또는 수입된 화장품의 내용물에 다른 화장품의 내용물이나 원료를 추가하여 혼합하거나, 화장품의 내용물을 소분한 화장품을 "맞춤형화장품" 이라고 정의하고 있으며,

- 같은 법 제3조의2에 따라 맞춤형화장품판매업을 신고하려는 자는 총리령으로 정하는 시설 기준을 갖추고, 맞춤형화장품의 혼합·소분 등 품질 안전관리 업무에 종사하는 자(맞춤형화장품조제관리사)를 두어야 합니다.
- 맞춤형화장품판매업자는 「화장품법 시행규칙」 제12조의2 및 「맞춤형화장품판매업자의 준수사항에 관한 규정」(식약처 고시)에 따라 혼합·소분에 사용되는 내용물과 원료에 대한 품질성적서를 확인하고, 혼합·소분의 범위를 사전에 검토하는 등 자신이 판매하는 맞춤형화장품의 품질과 안전을 확보하여야 할 의무가 부여되어 있음을 알려드립니다.
- 또한 화장품법 제5조제3항에 따라 맞춤형화장품판매업자는 소비자에게 유통·판매되는 화장품을 임의로 혼합·소분하여서는 안됩니다.
- 화장품책임판매업체로부터 제공받는 향수가 소비자에게 유통·판매되는 화장품(완제품)인 경우, 해당 제품을 소분하는 행위는 화장품법 제5조를 위반하는 행위임을 알려드리니 참고하시기 바랍니다.
- 참고로 맞춤형화장품 사용에 가능한 원료에 대해서는 「화장품 안전기준 등에 관한 규정」 제5조에서 규정하고 있음을 알려드립니다.

Q81 기능성화장품을 맞춤형화장품 판매장에서 조제할 때, 고시된 기능성원료를 맞춤형화장품조제관리사가 내용물에 직접 혼합하는 것이 가능한가요?

✓ 「화장품 안전기준 등에 관한 규정」(식약처 고시) 제5조에 따라 맞춤형화장품에는 식약처장이 고시한 기능성화장품의 효능·효과를 나타내는 원료의 혼합이 원칙적으로 금지되어 있습니다.

✓ 다만, 맞춤형화장품판매업자에게 내용물 등을 공급하는 화장품책임판매업자가 사전에 해당 원료를 포함하여 기능성화장품 심사를 받거나 보고서를 제출한 경우에는 맞춤형화장품조제관리사가 기 심사 받거나 보고서를 제출한 조합·함량의 범위 내에서 해당 원료를 혼합할 수 있습니다.

Q82 맞춤형화장품판매업 가이드라인에서 혼합·소분에 사용되는 내용물(벌크제품)이 무엇인가요?

✓ 「우수화장품 제조 및 품질관리기준」(식약처 고시)에서는 벌크제품이란 충전(1차포장) 이전의 제조 단계까지 끝낸 제품이라고 정의하고 있습니다.

✓ 맞춤형화장품에 사용되는 내용물은 최종 소비자에게 제공하기 위한 포장을 제외한 모든 제조 공정을 마친 상태를 의미하며, 제조번호별 품질검사 및 제품의 정보를 알 수 있는 표시기재 사항 등을 모두 갖추어야 합니다.

Q83 맞춤형화장품에 혼합할 내용물과 원료는 화장품책임판매업자로 부터만 구입할 수 있나요?

✓ 현행 화장품 법령 상 화장품의 내용물은 화장품책임판매업자만 판매할 수 있으므로 맞춤형화장품에 사용될 내용물은 화장품책임판매업자로부터 구입하여야 합니다.

✓ 맞춤형화장품 혼합에 사용될 원료는 화장품 법령 상 공급처의 제한은 없으며, 다만 맞춤형화장품판매업자는 원료에 대한 품질관리 등을 철저히 하여 맞춤형화장품 조제에 사용해야 할 것입니다.

Q84 맞춤형화장품에 혼합할 내용물이나 원료의 수입은 화장품책임판매업자만 할 수 있나요?

✓ 현행 화장품 법령상 화장품의 내용물은 화장품책임판매업자만 수입할 수 있으므로 맞춤형화장품에 사용될 내용물을 수입하는 경우 수입 단계에서부터 화장품책임판매업자가 공급하여야 합니다.

✓ 맞춤형화장품 혼합에 사용되는 원료는 화장품 법령 상 수입자의 제한은 없으며, 맞춤형화장품판매업자가 원료를 수입하여 사용하는 경우 품질관리 등을 철저히 하여 맞춤형화장품 조제에 사용해야 합니다.

Q85 둘 이상의 화장품책임판매업자로부터 내용물 또는 원료를 공급받아 하나의 맞춤형화장품을 조제할 수 있나요?

✓ 맞춤형화장품으로 소비자에게 판매하기 전에 둘 이상의 화장품책임판매업자로부터 제공받은 내용물 및 원료를 혼합하여 품질 등을 미리 확인 및 검증한 경우 가능할 것으로 판단됩니다.

✓ 최종 혼합·소분되어 소비자에게 판매되는 맞춤형화장품은 일반화장품과 같이 「화장품 안전기준 등에 관한 규정(고시)」 제6조에 따른 유통화장품의 안전관리 기준에 적합해야 합니다.

Q86 소비자가 맞춤형화장품을 사용한 후 부작용 발생을 알게 된 경우 맞춤형화장품판매업자가 부작용 보고를 해야 하나요?

✓ 맞춤형화장품판매업자가 맞춤형화장품 사용과 관련된 부작용 발생사례를 알게 된 경우에는 그 정보를 알게 된 날로부터 15일 이내에 식품의약품안전처장에게 보고하여야 합니다.(화장품 안전성 정보관리 규정 준용)

※ 보고방법 : 우리 처 의약품안전나라(http://nedrug.mfds.go.kr) 유해사례 보고란을 통하여 제출

Q87 맞춤형화장품 사용과 관련된 부작용 사례 보고 및 회수조치 의무는 누구에게 있나요?

✓ 맞춤형화장품판매업자는 맞춤형화장품 사용과 관련된 부작용 발생사례에 대하여 지체 없이 식품의약품안전처장에게 보고하여야 하며, 보고의 방법 및 절차 등은「화장품 안전성 정보관리 규정」을 준용합니다.

✓「화장품법 시행규칙」제14조의2에 따른 회수대상화장품에 해당하는 경우 맞춤형화장품 판매업자는 해당 화장품에 대하여 즉시 판매중지하고,「화장품법 시행규칙」제14조의3 및 제28조에 따라 필요한 회수 및 공표 등의 조치를 하여야 하며, 맞춤형화장품의 특성 상 회수대상 맞춤형화장품을 구입한 소비자를 확인할 수 있는 경우 유선 연락 등을 통하여 적극적으로 회수조치를 취하는 것이 바람직합니다.

Q88 소비자가 포장용기를 가져와서 맞춤형화장품을 구매하는 것이 가능한가요?

✓ 화장품의 포장용기는 내용물과 직접 접촉하는 것으로 제품에 품질에 영향을 줄 수 있으므로, 맞춤형화장품판매업자는「화장품법 시행규칙」제12조의2에서 정하고 있는 바와 같이 혼합 · 소분 전에 혼합 · 소분된 제품을 담을 포장용기의 오염여부를 철저히 확인하고 맞춤형화장품을 제공하여야 합니다.

✓ 또한 소비자가 가져온 용기에 맞춤형화장품을 담아 제공하는 경우라 하더라도「화장품법 시행규칙」제19조에 따른 표시·기재사항이 반드시 포함되어야 합니다.

Q89 맞춤형화장품판매업소에서 소비자가 본인이 사용하고자 하는 제품을 직접 혼합 또는 소분하는 것이 가능한가?

✓ 맞춤형화장품판매업은 화장품과 원료 등에 대한 전문 지식을 갖춘 조제관리사가 소비자의 피부톤이나 상태 등을 확인하고 소비자에게 적합한 제품을 추천·판매하는 영업입니다.

✓ 따라서 맞춤형화장품조제관리사가 아닌 자가 판매장에서 혼합·소분하는 것은 허용되지 않습니다.

Q90 맞춤형화장품이 유통화장품안전관리기준에 부적합한 경우 (예: 비의도적 성분이 기준치 초과하여 검출) 책임은 누구에게 있나요?

✓ 맞춤형화장품판매업자는 맞춤형화장품에 대하여 「화장품 안전기준 등에 관한 규정(고시)」 제6조에 따른 유통화장품의 안전관리 기준에 적합하도록 관리하여야 할 책임이 있으므로, 부적합 제품에 대한 책임은 맞춤형화장품판매업자에게 있습니다.

Q91 이·미용사가 「공중위생관리법」 상 업무수행(헤어 염색)을 위하여 염모제를 혼합하는 행위도 맞춤형화장품판매 행위에 해당하나요?

✓ 맞춤형화장품판매업이란 제조 또는 수입된 화장품의 내용물에 다른 화장품의 내용물이나 식품의약품안전처장이 정하여 고시하는 원료를 추가하거나 제조 또는 수입된 화장품의 내용물을 소분한 화장품을 판매하는 영업입니다.

✓ 이·미용사가 머리카락 염색을 위하여 염모제를 혼합하거나 퍼머넌트웨이브를 위하여 관련 액제를 혼합하는 행위, 네일아티스트 등이 네일아트 서비스를 위하여 매니큐어 액을 혼합하는 행위 등은 맞춤형화장품의 혼합·판매행위에 해당하지 않습니다.

✓ 다만, 이·미용 전문가가 고객에게 직접 염색·퍼머넌트웨이브 또는 네일아트 서비스를 해주기 위해서가 아니라, 소비자에게 판매할 목적으로 제품을 혼합·소분하는 행위는 맞춤형화장품의 적용 대상이 될 수 있습니다.

Q92 소비자가 매장 방문 없이 온라인, 전화 등을 통해 맞춤형화장품을 주문하고 이를 매장에서 혼합·소분하여 판매 가능한가요?

✓ 맞춤형화장품판매업을 위해서는「맞춤형화장품판매업 가이드라인」에 따른 혼합·소분에 필요한 적절한 시설을 갖추어 맞춤형화장품판매업으로 신고해야 합니다

✓ 한편 신고된 판매장에서 소비자에게 맞춤형화장품을 판매하는 형태(예, 온라인, 오프라인 판매)에 대해서는 화장품 법령에서 별도로 제한은 없습니다

✓ 다만, 소비자 개개인의 피부진단, 선호도 등을 파악하여 맞춤형으로 제품을 만들고, 개인에 특화된 안전정보를 제공하는 동 제도의 취지를 볼 때 소비자 대면을 통한 서비스도 가능하도록 판매하는 것이 바람직합니다.

Q93 온라인몰에서 소비자 피부유형, 선호도 파악 관련 설문 후 전화, 문자 등을 통해 화장품을 소분· 판매 하는것이 가능한가요?

✓「화장품법」 제2조에서 정의하고 있는 "맞춤형화장품"은 제조 또는 수입된 화장품의 내용물에 다른 화장품의 내용물이나 식약처장이 정하는 원료를 추가하여 혼합한 화장품 또는 제조·수입된 화장품의 내용물을 소분한 화장품을 말합니다.

✓「화장품법」 제5조 및 같은법 시행규칙 제12조의2에서 맞춤형화장품판매업자의 준수사항에 대해 정하고 있으며

- 다만, 화장품법령에는 맞춤형화장품의 온라인 판매에 대해 별도로 제한하고 있는 사항이 없음을 알려드리니 업무에 참고하시기 바랍니다.

Q94 시중 유통 중인 화장품을 구입하여 맞춤형화장품의 혼합·소분에 사용할 수 있는지?

✓ 맞춤형화장품에 사용되는 내용물은 맞춤형화장품의 혼합·소분에 사용할 목적으로 화장품책임판매업자로부터 직접 제공받은 것이어야 하며, 시중 유통 중인 제품을 임의로 구입하여 맞춤형화장품 혼합·소분의 용도로 사용할 수 없습니다

Q95 맞춤형화장품에 제조번호는 어떻게 부여해야 하나요?

✓ 맞춤형화장품의 제조번호는 혼합 또는 소분에 사용되는 내용물 및 원료의 종류와 혼합·소분 기록을 추적할 수 있도록 부여하는 것으로, 맞춤형화장품판매업자는 원활한 관리를 위해 일정한 규칙에 따라 번호 부여를 하는 것이 바람직합니다.

Q96 인체세정용제품 등 화장품 품목 중 맞춤형화장품으로 판매 할 수 없는 품목이 있나요?

✓ 맞춤형화장품으로 판매될 수 있는 화장품 유형에는 제한이 없으며, 맞춤형화장품판매업자가 관련 법령을 준수 할 경우, 화장품에 해당하는 모든 품목은 맞춤형화장품으로 판매할 수 있습니다.

Q97 맞춤형화장품에 사용될 원료나 내용물에 대한 품질관리를 맞춤형화장품판매업자가 해야 하나요?

✓ 「화장품법 시행규칙」 제12조의2제2호가목에서는 맞춤형화장품판매업자가 혼합·소분 전에 혼합·소분에 사용되는 내용물과 원료에 대한 품질성적서를 확인하도록 규정하고 있습니다.

✓ 맞춤형화장품판매업자는 내용물과 원료에 대한 품질관리를 직접 실시할 수 있으며, 직접 품질관리를 실시하기 어려운 경우에는 내용물과 원료를 제공하는 화장품책임판매업자 등의 품질성적서를 통하여 품질이 적절함을 확인하여야 합니다.

Q98 맞춤형화장품으로 혼합·소분된 제품의 품질관리를 맞춤형화장품판매업자가 해야 하나요?

✓ 맞춤형화장품판매업자는 맞춤형화장품 조제에 사용되는 내용물·원료의 안전기준 등 적합 여부 및 혼합·소분 범위에 대한 안전성을 사전에 확인하여야 하며, 소비자에게 판매되는 제품에 대하여 「화장품 안전기준 등에 관한 규정」 제6조에 따른 유통화장품 안전관리 기준에 적합하게 관리하여야 하는 등 맞춤형화장품의 안전 및 품질관리에 대한 책임이 있습니다.

맞춤형화장품조제관리사 자격기준

Q99 조제관리사 자격이 없는 직원이 적절한 교육 및 통제 하에 맞춤형화장품 혼합 및 소분을 할 수 있나요?

✓ 「화장품법」 제3조의2에서 맞춤형화장품의 혼합·소분 업무에 종사하는 자를 맞춤형화장품조제관리사로 규정하고 있으므로 맞춤형화장품조제관리사의 교육 및 통제하에 있다고 하더라도 일반 매장 직원은 맞춤형화장품의 혼합·소분 업무를 담당할 수 없습니다.

Q100 맞춤형화장품조제관리사가 2개 이상의 판매장에서 근무할 수 있나요?

✓ 맞춤형화장품의 혼합·소분 업무는 조제관리사만이 담당할 수 있으므로 판매장 영업을 위해서는 조제관리사가 2군데 이상의 판매장에서 근무하는 것은 현실적으로 불가능하다고 봅니다.

✓ 다만, 특정 요일에 영업을 하지 않는 경우 또는 매장에 추가 조제관리사로 고용되어 특정 요일·시간에만 근무를 하는 경우 등 조제관리사가 2개 이상의 다른 판매장에서 근무할 수 있다는 증빙을 갖춘 경우 개별 검토가 가능할 수 있을 것으로 판단됩니다.

Q101 맞춤형화장품판매장에 맞춤형화장품조제관리사를 두 명 이상 고용하는 경우 모두 신고를 하여야 하나요?

✓ 맞춤형화장품판매장에 2명 이상의 조제관리사를 고용하는 경우에는 「화장품법 시행규칙」 제8조의2에 따른 맞춤형화장품판매업 신고 시 조제관리사를 추가 신고할 수 있으며, 신고된 조제관리사가 변경되는 경우 변경신고 대상에 해당됩니다.

Q102 맞춤형화장품조제관리사는 판매장 상근 직원이어야 하나요?

✓ 「화장품법」 제3조의2제2항에 따라 맞춤형화장품판매업자는 판매장마다 맞춤형화장품조제관리사를 고용해야 하며, 맞춤형화장품조제관리사는 맞춤형화장품의 혼합·소분 업무와 품질·안전관리를 담당하여야 하므로 판매장에 상근하여야 할 것으로 판단됩니다.

Q103 화장품책임판매관리자가 맞춤형화장품조제관리사를 겸직할 수 있나요?

✓ 맞춤형화장품조제관리사는 판매장에서 맞춤형화장품의 혼합·소분 업무를 담당하는 자이고, 업무의 특성상 고객의 방문시간이나 방문량 등을 예측할 수 없으므로 조제관리사와 화장품책임판매관리자의 겸직은 바람직하지 않을 것으로 판단됩니다.

✓ 다만, 책임판매관리자로서의 근무시간과 조제관리사로서의 근무시간이 명확히 구분되어 이를 증명할 수 있는 경우라면 개별 검토가 가능할 수 있을 것으로 판단됩니다.

맞춤형화장품조제관리사 교육

Q104 맞춤형화장품조제관리사 자격 취득 후 교육받지 않았다면 자격 취소 되나요?

✓ 「화장품법」 제5조제7항에 따라 맞춤형화장품조제관리사는 화장품의 안전성 확보 및 품질관리에 관한 교육을 매년 이수해야 하며, 같은 법 제14조제1항에 따라 "종사한 날로부터 6개월 이내"에 최초 교육을 이수하고, 최초 교육을 받은 날을 기준으로 매년 1회 교육을 이수해야 합니다.

- 따라서, 맞춤형화장품영업을 하고 있지 않은 경우 별도의 교육을 이수하지 않아도 되며, 이후 맞춤형화장품영업에 종사하게 될 경우 종사한 날로부터 6개월 이내 최초 교육을 이수하고, 최초 교육을 받은 날을 기준으로 매년 1회 교육을 이수하면 됩니다.

✓ 또한 자격증 취득 이후 별도의 교육을 이수하지 않아도 자격이 취소되는 불이익은 없다는 점 알려드립니다.

Q105 맞춤형화장품조제관리사로 고용된 경우 자격시험에 합격한 해에도 보수 교육을 받아야 하나요?

✓ 현재 「화장품법」 제5조제5항에서 맞춤형화장품조제관리사는 화장품의 안전성 확보 및 품질관리에 관한 교육을 매년 받아야 한다고 규정하고 있으므로 조제관리사 자격시험에 합격한 해에도 보수 교육을 받는 것이 원칙입니다.

Q106 맞춤형화장품판매장에 고용되지 않은 조제관리사도 보수 교육을 받아야 하나요?

✓ 「화장품법」 제5조제5항에 따른 조제관리사 보수 교육의 대상은 동법 제3조의2제2항에 따라 맞춤형화장품판매업자에게 고용되어 맞춤형화장품의 혼합·소분 업무에 종사하고 있는 자로 한정된다고 할 것입니다.

5 기능성화장품 심사·보고

기능성화장품의 심사 등

Q107 미백 기능성화장품에 소비자가 직접 비타민성분의 제품을 혼합하여 사용하는 경우 미백화장품만 기능성화장품에 해당하나요?

✓「기능성화장품 심사에 관한 규정」 제4조(제출자료의 범위) 및 제5조(제출자료의 요건)에 따라 기능성화장품 심사에 관한 자료를 제출하여야 합니다.

- 해당 품목의 용법용량이 미백 기능성화장품과 비타민성분 제품을 혼합하여 사용하는 경우에는 품목의 세부구성을 1제, 2제로 설정하여「기능성화장품 심사에 관한 규정」에 따라 심사를 받아야 함을 알려드립니다.

Q108 구매대행 화장품도 수입자가 표준통관예정보고 및 기능성화장품 심사(보고)를 진행해야 하나요?

✓「화장품법」 제3조, 같은 법 시행령 제2조 및 같은 법 시행규칙 제4조에 따라 직접 또는 화장품제조업자에게 위탁하여 제조된 화장품이나 수입한 화장품을 유통·판매하려는 자 및 수입대행형 거래를 알선·수여(구매대행)하려는 자는 소재지 관할 지방식약청에 화장품책임판매업을 등록하여야 하며, 화장품 법령을 준수토록 하고 있습니다.

- 국내 거주자가 개인사용을 위하여 해외직구 형태로 물품을 수입하는 경우 세액, 수입요건 등의 면제를 받을 수 있으나, 다수가 사용할 물품을 한명이 대표로 구입하거나 판매하는 등의 행위는 자가사용이 아닌 일반 수입에 해당하여 관세법에 따라 정식 수입통관 절차를 이행하여야 합니다.

- 같은 법 제5조, 같은 법 시행규칙 제12조에 따라 화장품책임판매업자는 화장품을 수입할 때마다 「대외무역법」에 따른 수출·수입요령을 준수하여 「전자무역 촉진에 관한 법률」에 따른 전자무역문서로 표준통관예정보고를 하여야 하며, 수입 시 관련 구비서류 및 세부절차 등에 관해서는 통관업무를 담당하고 있는 한국의약품수출입협회(02-2162-8000)로 문의하시기 바랍니다.

✓ 또한, 「화장품법」 제4조에 따라 기능성화장품으로 인정받아 판매하려는 자는 식약처장의 심사를 받거나 보고서를 제출하여야 하며, 기능성화장품으로 심사(보고)되지 않은 화장품은 기능성화장품으로 표시·광고하여 판매할 수 없음을 알려드립니다.

Q109 닥나무추출물을 2% 초과 또는 미만으로 사용한 제품의 경우 기능성화장품 보고가 아닌 심사를 받아야 하나요?

✓ 「화장품법」 제4조(기능성화장품의 심사 등) 제1항에 따라 기능성화장품으로 인정받아 판매 등을 하려는 화장품제조업자, 화장품책임판매업자 또는 총리령으로 정하는 대학·연구소 등은 품목별로 안전성 및 유효성에 관하여 식품의약품안전처장의 심사를 받거나 식품의약품안전처장에게 보고서를 제출하여야 합니다.

- '닥나무추출물 2% 사용한 화장품'이 「화장품법 시행규칙」 제10조(보고서 제출 대상 등) 제1항 제1호 또는 제2호에 해당하는 경우 보고서 제출 대상이며,
- '닥나무추출물 2% 초과 또는 미만으로 사용한 제품'은 「화장품법 시행규칙」 제10조(보고서 제출 대상 등) 제1항에 해당하지 않아 기능성화장품 별도 심사 대상임을 알려드립니다.

Q110 립스틱, 립크림 등 입술제품에 주름개선, 자외선 차단 효과의 기능성 화장품 심사 및 광고 가능한가요?

✓ 기능성화장품의 심사시 화장품 유형별(예: 립제품 등)로 품목을 분류하지 않으며, 「화장품법 시행규칙」 제2조(기능성화장품 범위)에 따라 심사자료를 검토하고 있습니다.

✓ 또한 피부는 광범위하게 입술 등을 포함하기 때문에 특정부위에 대한 별도의 효능·효과를 부여하지 않으며, 「화장품법 시행규칙」내 기능성화장품 범위에 해당하는 효능·효과만 부여하고 있음을 알려드립니다.

✓ 아울러 화장품 사용으로 인한 효능·효과 '주름 개선', '자외선 차단' 등 관련 내용으로 광고시 상기 내용의 기능성화장품으로 심사(또는 보고)를 완료하여야 하며, 해당 심사(또는 보고)결과 자료범위 내에서만 광고 가능함을 알려드리니 업무에 참고하시기 바랍니다.

Q111 맞춤형화장품판매업자가 기능성화장품 심사 신청을 할 수 있나요?

✓ 현재 「화장품법」 제4조에서 기능성화장품 심사 신청 또는 보고서 제출은 화장품 제조업자, 화장품책임판매업자 또는 총리령으로 정하는 대학·연구소 등만 할 수 있도록 규정하고 있어 맞춤형화장품판매업자는 기능성화장품 심사 신청 또는 보고서 제출이 불가능합니다.

Q112 수입구매대행은 기능성화장품 심사·보고 하지 않아도 되나요?

✓ 「화장품법」 제4조(기능성화장품의 심사 등)에 따라 기능성화장품으로 인정받아 판매 등을 하려는 화장품제조업자, 화장품책임판매업자 등은 품목별로 안전성 및 유효성에 관하여 식약처장의 심사를 받거나 보고서를 제출하여야 하며,

- 이는 같은 법 시행령 제2조제2호라목에 따른 수입대행형 거래를 목적으로 화장품을 알선·수여하는 영업을 하는 책임판매업자에게도 동일하게 적용됨을 알려드립니다.

✓ 「화장품법」 제13조(부당한 표시·광고 행위 등의 금지)에서는 기능성화장품이 아닌 화장품을 기능성화장품으로 잘못 인식할 우려가 있거나 기능성화장품의 안전성·유효성에 관한 심사 결과와 다른 내용의 표시 또는 광고, 사실과 다르게 소비자를 속이거나 소비자가 잘못 인식할 우려가 있는 표시 또는 광고를 금지하고 있음을 알려드리니 주의하시기 바랍니다.

Q113 기능성화장품의 용법·용량은 어떻게 작성하나요?

✓ 인체적용시험자료 또는 염모효력시험자료를 제출하는 경우 연구대상자에게 안내된 사용방법 및 염모효력시험자료의 상세 시험방법은 용법·용량 작성의 근거가 되므로 보고서 내 명확한 시험방법 작성이 필요합니다.

✓ 또한「기능성화장품 심사에 관한 규정」[별표 4]에 고시된 품목 또는 이미 심사를 받은 품목을 근거로 제출자료를 면제받는 경우 고시된 품목의 용법·용량 또는 이미 심사받은 품목의 용법·용량과 동일하여야 합니다.

✓ 제형에 따라 에어로졸 제품의 경우 '본 품을 충분히 흔든 다음 ~', 1제와 2제를 혼합하여 사용하는 제품의 경우 '제1와 제2제를 잘 섞은 후 ~' 등 제품의 특성을 고려한 용법·용량 작성이 필요한지 검토되어야 합니다.

Q114 기능성화장품 심사의뢰서 작성할 때 원료성분 및 배합비율을 어떻게 작성하면 되나요?

✓「기능성화장품 심사에 관한 규정」제10조(원료 및 그 분량)에 따라 '본 품 100 그램 중'을 기준으로 각각의 원료의 배합목적, 성분명, 규격 및 분량을 기재되어야 합니다. 다만 예를 들어 2제형 염모제의 경우 제1제와 제2제, 지지체에 침적된 원료의 경우 내용물과 지지체, 에어로졸제의 경우 내용물과 분사제 등과 같이 일부의 경우 제품의 특성을 고려하여 별도의 세부구성을 분리하여 작성하도록 하고 있으니 참고 바랍니다.

※ 원료성분 및 배합비율 보완시 심사신청서의 변경이 불가능하므로 별도로 원료성분 및 배합비율을 엑셀파일로 작성하여 제출 필요

Q115 기능성화장품 심사를 받으려면 유효성 근거자료는 어떻게 준비해야 하나요?

✓「기능성화장품 심사에 관한 규정」제4조(제출자료의 범위)에 따라 신청 효능·효과별 '유효성 또는 기능에 관한 자료' 및 자외선차단지수(SPF), 내수성자외선차단지수, 자외선A차단등급(PA) 설정 근거자료가 제출되어야 하며 해당 자료는 제5조(제출자료의 요건)에 부합하여야 합니다.

✓ 효능·효과 중 미백, 주름 개선, 탈모, 여드름, 피부장벽, 튼살의 경우 유효성평가 가이드라인을 참고하여 이에 따라 수행한 근거자료로 제출하고 자외선차단지수(SPF) 등은 [별표 3] 자외선 차단효과 측정방법 및 기준, ISO 등 동 규정 제5조(제출자료의 요건)1호라목에 따라 고시된 시험방법으로 수행한 근거자료가 제출되어야 합니다.

※ 심사신청 품목을 시험물질로 시험한 인체적용시험자료이어야 함에 따라 심사신청사는 시험제품 정보를 확인할 수 있도록 제조번호와 같이 식별할 수 있는

정보를 포함한 근거자료(제조지시기록서, 시료접수확인증 등)를 구비하고 있어야 합니다. 이와 관련하여 효능·효과 중 (지속)내수성, 튼살 및 피부장벽 등의 심사 신청 품목은 원료성분 및 배합비율에서 각 원료의 분량을 실량 작성을 권장하고 있습니다.

Q116 자외선차단제 SPF18이면 기능성화장품 심사 또는 보고하지 않아도 되나요?

✓「기능성화장품 심사에 관한 규정」 제6조제5항에 따라 자외선차단지수(SPF) 10 이하의 제품의 경우에는 동 규정 제4조(제출자료의 범위) 제1호라목의 자료제출이 면제됩니다.

- 아울러, 자외선차단제 SPF18이라면 기능성화장품 심사 대상임을 알려 드립니다.

Q117 자외선차단제 SPF10이하 제품은 SPF 관련 임상자료 제출 생략 및 인체시험진행없이 기능성화장품 심사 가능한가요?

✓「기능성화장품 심사에 관한 규정」제6조(제출자료의 면제)제5항에 따라 자외선차단지수(SPF) 10 이하의 제품의 경우에는 자외선차단지수 설정의 근거 자료 제출을 면제하고 있습니다.

- 「화장품법」 제4조(기능성화장품의 심사 등)에서 정한 심사의뢰자는「기능성화장품 심사에 관한 규정」 제5조(제출자료의 요건) 제1호라목에서 정하는 자외선차단지수 측정방법에 따라 측정한 시험결과를 갖추고 있어야 함을 알려드립니다.

Q118 립제품의 경우, 자외선차단지수(SPF), 자외선A차단등급(PA) 설정 자료는 무엇이 필요한가요?

✓ 「기능성화장품 심사에 관한 규정」 제5조(제출자료의 요건)에 따라 자외선차단지수(SPF), 내수성자외선차단지수(SPF), 자외선A차단등급(PA) 설정의 근거자료는 다목(2)의 자료로서 아래의 어느 하나에 해당하여야 합니다.

(1) 자외선차단지수(SPF) 설정 근거자료

[별표 3] 자외선 차단효과 측정방법 및 기준 · 일본(JCIA) · 미국(FDA) · 유럽(Cosmetics Europe) · 호주/뉴질랜드(AS/NZS) 또는 국제표준화기구(ISO 24444) 등의 자외선차단지수 측정방법에 의한 자료

(2) 내수성자외선차단지수(SPF) 설정 근거자료

[별표 3] 자외선 차단효과 측정방법 및 기준 · 미국(FDA) · 유럽(Cosmetics Europe) · 호주/뉴질랜드(AS/NZS) 또는 국제표준화기구(ISO 16217) 등의 내수성자외선차단지수 측정방법에 의한 자료

(3) 자외선A차단등급(PA) 설정 근거자료

[별표 3] 자외선 차단효과 측정방법 및 기준 · 일본(ICIA) 또는 국제표준화기구(ISO 24442) 등의 자외선A 차단효과 측정방법에 의한 자료

Q119 기능성화장품 심사를 받으려면 무슨 자료를 준비해야 하나요?

✓ 기능성화장품은 「화장품법 시행규칙」 제9조(기능성화장품의 심사)에 따라 '안전성 유효성 또는 기능을 입증하는 자료' 및 '기준 및 시험방법에 관한 자료(검체 포함)'를 제출하여야 합니다. 이와 관련한 기능성화장품 심사 신청 시 제출자료의 범위, 제출자료의 요건, 제출자료의 면제 등에 대하여는 「기능성화장품 심사에 관한 규정」 제4조, 제5조 및 제6조에서 정하고 있습니다.

✓ 심사를 신청하는 품목별 특성에 따라 적용되는 제출자료의 범위가 다양하므로 규정을 확인하여 필요시 「기능성화장품 심사에 관한 규정」 제7조에 따라 제출 자료가 면제 또는 생략되는 경우에는 같은 규정 제6조 중 해당되는 '면제사유서'를 기재하여 제출(공문, 이미 심사받은 품목의 결과통지서 등)

✓ 제출자료는

1) 기원 및 개발경위

2) 「비임상시험관리기준」(GLP)에 따라 시험한 안전성에 관 한 자료

- [별표 1] 독성시험법을 따르는 것을 원칙으로 함
- OECD 또는 식품의약품안전처가 인정하는 동물대체시험법

3) 유효성 또는 기능에 관한 자료

- 효력시험자료
- 인체적용시험자료
- 염모효력시험자료(화장품법 시행규칙 제2조제6호의 화장품에 한함)

4) 자외선차단지수(SPF), 내수성차단지수 및 자외선A차단등급(PA) 설정의 근거자료

5) 기준 및 시험방법 근거자료(검체 포함)

Q120 기능성화장품 심사 신청시 원료관련 자료제출 제외 대상이라면 자료 제출 안해도 되나요?

✓「기능성화장품 심사에 관한 규정」 제4조의 기능성화장품 심사를 위한 자료를 동 규정 제6조에 해당하는 경우 자료제출을 면제하며 면제 사유를 공문 등을 통해 제출하여야 합니다.

Q121 제품명은 어떻게 작성하나요?

✓ 제품명은 한글사용이 원칙이며 특수기호나 문자는 포함되지 않아야 합니다. 다만 자외선차단제를 위한 SPF, PA, +와 동일 품목을 수입하는 경우 화장품책임판매업자를 병기하기 위한 괄호( )의 사용은 가능합니다.

✓ 또한 소비자 오인의 우려가 없도록 제품명은 제형과 일치하는 것을 권장하고 있으며 제품명은 중복 사용이 허용되지 않으므로 의약품안전나라에서 기능성화장품제품정보(심사 또는 보고)에서 동일한 제품명이 사용 중인지 확인이 필요합니다.

Q122 제형은 어떻게 작성하나요?

✓ 제형은 기준 및 시험방법에서 육안으로 관찰하는 시험방법으로 설정하는 '제형' 기준과 일치되어야 합니다. 「기능성화장품 기준 및 시험방법」 통칙에서 제형의 정의를 정하고 있으니 이를 참고하여 작성 바랍니다.

✓ 또한 세부구성이 분리된 품목은 이를 반영하여 각 세부구성의 제형을 구분하여 작성하거나 제품 특성을 반영하여 명확한 제형으로 작성이 필요합니다.

Q123 목과 팔등에 사용하는 침적마스크는 기능성화장품 심사 또는 보고 대상인가요?

✓ 해당 제품이 「화장품법 시행규칙」 제10조제1항제1호에 해당하는 경우 기능성화장품 심사제외품목 보고서를 제출하실 수 있습니다.

- 기능성화장품 1호 보고 제출 대상은 성분의 종류·함량, 제형, 효능·효과, 용법·용량, 기준 및 시험방법이 식품의약품안전처장이 고시한 품목과 같은 품목입니다.
- 위의 1호 보고 대상에 해당되지 않은 경우 기능성화장품 심사 대상임을 알려드립니다.

기능성화장품 보고서 제출 대상 등

Q124 미백(나이아신아마이드), 주름개선(아데노신) 이중 기능성화장품 1호보고 가능한가요?

✓ 「화장품법」 제2조제2항에서는 피부의 미백에 도움을 주는 제품, 피부의 주름개선에 도움을 주는 제품 등을 기능성화장품으로 정의하고 있고,

✓ 「기능성화장품 기준 및 시험방법」 제2조(세부사항의 구분)에서는 피부에 미백에 도움을 주는 기능성화장품 및 주름개선에 도움을 주는 기능성화장품의 원료 및 제제가 등재되어 있습니다.

✓ 또한「기능성화장품 심사에 관한 규정」 [별표4]자료제출이 생략되는 기능성화장품의 종류에서 성분·함량을 고시한 품목의 경우에는 자료 제출을 면제하고 있으므로

- 피부의 미백 및 주름개선에 도움을 주는 제품인 나이아신아마이드(함량 2~5%) 및 아데노신(함량 0.04%)의 성분 및 함량(함량, 효능효과, 용법용량 포함)이 모두 동일하고 제형이 로션제, 액제, 크림제 및 침적 마스크인 경우 기능성화장품 1호 보고 가능함을 알려드리니 업무에 참고하시기 바랍니다.

Q125 기능성화장품의 경우는 '액제, 로션제, 크림제'를 같은 제형으로 보는게 맞나요?

✓ 「화장품법 시행규칙」 제10조(보고서 제출 대상 등)제1항제2호에 따라 보고서를 제출하고자 하는 경우 이미 심사를 받은 기능성화장품과 효능·효과, 기준 및 시험방법, 용법·용량, 제형이 모두 같은 품목이어야 하고, 동 규정 제10조제1항제2호 마목에 따라 제2조제1호부터 제3호까지 및 같은 조 제6호부터 제11호까지의 기능성화장품의 경우에는 액제, 로션제 및 크림제를 같은 제형으로 보고 있음을 알려드립니다.

Q126 고시된 원료인 아데노신 크림제를 부직포에 함유한 형태의 침적마스크가 기능성화장품으로 보고 가능한가요?

✓ 기능성화장품 '아데노신 침적마스크'의 경우 「화장품법 시행규칙」 제10조제1항제1호에 해당하는 경우에 기능성화장품 심사제외품목 보고서를 제출할 수 있습니다.

✓ 동 규정에 따른 1호 보고 제출 대상은 성분의 종류·함량, 효능·효과, 용법·용량, 기준 및 시험방법이 식품의약품안전처장이 고시한 품목과 같은 품목입니다.

✓ 이에 따라 작성되는 보고 품목의 효능·효과는 '피부의 주름개선에 도움을 준다', 용법·용량은 '본품을 피부에 붙이고 10~20분 후 지지체를 제거한 다음 남은 제품을 골고루 펴 바른다.'임을 참고 바랍니다.

Q127 기능성화장품으로 보고한 팩트 제품의 리필제품만 별도 판매시 기능성화장품 보고해야 하나요?

✓ 「화장품법 시행규칙」 제10조(보고서 제출 대상 등)에 따라 이미 심사 받은 기능성화장품에 대해 보고서를 제출할 수 있습니다.

- 그러나 이미 보고한 품목의 리필제품이라 해도 "품목명(예: OOO리필)"이 달라지는 경우는 별도로 보고서를 제출하여야 합니다.

Q128 립제품 중 크림제의 경우 고시원료 아데노신과 나이아신아마이드 동일 함량이라면 보고 가능한가요?

✓ 기능성화장품의 심사 또는 보고 시 화장품의 유형(예: 립 제품)으로 품목을 분류하고 있지 않으며 제형으로 분류하여 검토함을 알려드립니다.

✓ 「화장품법 시행규칙」 제10조제1항에 따라 기능성화장품의 심사를 받지 아니하고 식품의약품안전평가원장에게 보고서를 제출하여야 하는 보고대상 화장품은 다음 각 호와 같습니다.

1. 효능 · 효과가 나타나게 하는 성분의 종류 · 함량, 효능 · 효과, 용법 · 용량, 기준 및 시험방법이 식품의약품안전처장이 고시한 품목과 같은 기능성화장품
2. 이미 심사를 받은 기능성화장품과 다음 각 목의 사항이 모두 같은 품목. 다만, 제2조제1호부터 제3호까지 및 같은 조 제8호부터 제11호까지의 기능성화장품은 이미 심사를 받은 품목이 대조군(對照群)(효능 · 효과가 나타나게 하는 성분을 제외한 것을 말한다)과의 비교실험을 통하여 효능이 입증된 경우만 해당한다.
3. 이미 심사를 받은 기능성화장품 및 식품의약품안전처장이 고시한 기능성화장품과 비교하여 다음 각 목의 사항이 모두 같은 품목(이미 심사를 받은 제2조제4호 및 제5호의 기능성화장품으로서 그 효능 · 효과를 나타나게 하는 성분 · 함량과 식품의약품안전처장이 고시한 제2조제1호부터 제3호까지의 기능성화장품으로서 그 효능 · 효과를 나타나게 하는 성분 · 함량이 서로 혼합된 품목만 해당한다)

✓ 위 법령의 각호에 해당하지 않는 화장품은 보고대상이 아닌 기능성화장품 심사 대상임을 알려드립니다.

✓ 심사대상 기능성화장품은 「화장품법 시행규칙」 제9조(기능성화장품의 심사)에 따라 기능성화장품 심사를 받아야 하며,

- '안전성 유효성 또는 기능을 입증하는 자료' 및 '기준 및 시험방법에 관한 자료(검체 포함)'의 제출이 필요함을 알려드리며, 이와 관련한 기능성화장품 심사 신청 시 제출자료의 범위, 제출자료의 요건, 제출자료의 면제 등에 대하여는 「기능성화장품 심사에 관한 규정」 제4조, 제5조 및 제6조에서 정하고 있습니다.

Q129 자외선차단, 주름개선, 미백 3중기능성 썬티슈 제품의 부직포 변경 시 2호 보고 가능한가요?

✓ 이미 심사 받은 제품에서 변경되는 지지체의 별첨규격이 동일하여야 하고 유효성분이 포함된 내용물에 영향을 주지 않는 단순히 침적된 형태이며, 「화장품법 시행규칙」(총리령) 제10조제1항제2호에 따라 이미 심사를 받은 품목과 효능·효과가 나타나게 하는 원료의 종류·규격 및 함량, 효능·효과, 기준 및 시험방법, 용법·용량, 제형이 모두 같은 품목인 경우에 기능성화장품 심사 제외 품목 보고서를 제출하실 수 있습니다.

Q130 기능성화장품 보고서 제출 완료하고 바로 제품 생산 및 판매할 수 있나요?

✓ 「화장품법」 제15조에서는 기능성화장품 심사를 받지 아니하거나 보고서를 제출하지 아니한 기능성화장품을 판매하는 행위에 대하여 금지하고 있으며 「화장품법 시행규칙」 제10조제3항에서는 제출된 기능성화장품 보고서에 대해 담당자가 보고 요건을 확인하여 대장에 기재하도록 규정하고 있습니다.

✓ 현행 법령에서는 기능성화장품의 보고 후 담당자가 보고요건을 확인하여 기준에 부합 여부를 확인한 뒤 대장에 기재하도록 하고 있는 바, 보고요건 확인이 완료된 뒤 해당 기능성화장품을 유통판매하는 것이 적절할 것으로 사료됩니다.

Q131 자사 기능성화장품 심사 제품을 자사에서 기능성화장품 보고 할 경우 화장품 정보제공 요청이 필요한가요?

✓「화장품법 시행규칙」제10조에 따라 이미 심사받은 기능성화장품의 경우 안전성 및 유효성 자료 제출없이 보고서를 제출할 수 있으며,

- 기능성화장품 2호 또는 3호 보고서 제출시 자사에서 기능성화장품 심사 받은 건에 대해서는 별도의 정보제공을 요청하지 않으며, 품목 조회를 통해 '이미 심사 받은품목'에 대한 정보를 기입하면 됩니다.

※ 식약처 누리집(www.mfds.go.kr) → 법령/자료 → 공무원지침서/민원인안내서「기능성화장품 심사제외품목 보고서 제출을 위한 가이드라인(민원인안내서)」

Q132 자외선차단제 심사 완료 제품에 미백과 주름개선 성분을 추가하여 보고 가능한가요?

✓ 이미 심사받은 자외선 단일 품목의 요건과 식약처장이 고시한 기능성화장품(미백, 주름개선)의 요건을 비교하여 제형, 용법·용량이 모두 같아야 합니다.

- 이에 따라 「기능성화장품 심사에 관한 규정」[별표4] 자료제출이 생략되는 기능성화장품의 종류에서 정의하는 제형, 용법·용량을 확인하여 이미 심사받은 품목과 동일한 경우 3호 보고 대상에 해당함을 알려드립니다.

✓ 만약, 「기능성화장품 심사에 관한 규정」 [별표4] 자료제출이 생략되는 기능성화장품의 종류에서 정의하는 제형, 용법·용량을 확인하여 이미 심사받은 품목과 다른 경우에 3호 보고 대상에 해당하지 않으며

- 「기능성화장품 심사에 관한 규정」 제4조(제출자료의 범위) 및 제5조(제출자료의 요건)에 따라 자료 구비하여 기능성화장품 심사를 진행하여야 할 것으로 판단됩니다.

Q133 기능성화장품 보고제품 제조원 변경은 어떻게 해야 하나요?

✓ 기능성화장품 보고 품목은 변경 대상이 아니므로 품목 취하 후 재보고를 하여야 합니다. 단, 재보고 시 다음의 사항이 충족되어야 합니다.

✓「화장품법 시행규칙」 제10조(보고서 제출 대상 등) 제2호 및 제3호에 따라 이미 심사를 받은 기능성화장품 품목과 화장품제조업자(화장품제조업자가 제품을 설계·개발·생산하는 방식으로 제조한 경우만 해당한다)가 같거나 화장품책임판매업자가 같아야 합니다.

- 따라서, 실제 제조하는 곳을 제조원으로 설정하여야 하며 '제조업자개발품목(ODM) 설정 된 경우 제조원 추가 및 변경이 불가능합니다.
- 그러나 '제조업자 개발 품목'으로 미설정 되어있는 경우 책임판매업자가 심사받은 품목에 대해 제조업자 'A' 또는 'B'로 설정이 가능합니다.
- 아울러, 요건이 충족된다면「화장품법 시행규칙」 제10조(보고서 제출 대상 등) 제2호 및 제3호 요건에 타당하도록 보고서를 제출하시기 바랍니다.

Q134 기능성화장품 심사제품은 A업체로 ODM설정되어 있을 경우 제조원 변경가능한가요?

✓「화장품법 시행규칙」 제10조(보고서 제출 대상 등) 제2호에 따라 보고서 제출의 경우 이미 심사를 받은 기능성화장품의 화장품제조업자가 제품을 설계·개발·생산하는 방식으로 제조한 경우로 '제조업자 개발 품목(ODM)'으로 설정되어 있는 품목은 기심사 품목의 제조업체 외 추가적인 제조소 등록이 불가함을 알려드립니다.

Q135 기능성 심사 제외 품목 보고서 작성 시, 착색제로 사용된 TiO2(티타늄디옥사이드) 함량을 활성물질함량으로 기재해야 하나요?

✓ 「화장품법 시행규칙」 제10조2항 및 3항에 따라 보고서 제출 대상의 경우 이미 심사를 받은 기능성화장품과 효능·효과를 나타나게 하는 원료의 종류·규격 및 함량은 동일해야 합니다.

✓ 더불어 「기능성화장품 심사를 위한 질의응답집」(발간등록번호 안내서-1342-01) '3-3 원료 및 그 분량'에서 티타늄디옥사이드와 같이 주성분 사용외 첨가제로 착색제가 사용되는 경우 해당 원료의 분량을 반영한 '활성물질용량'으로 기재하도록 안내한 사항을 참고하시기 바랍니다.

※ 제출자료 예시

주성분 티타늄디옥사이드 3.00 그램 및 착색제 티타늄디옥사이드(씨아이77891) 1.00 그램인 경우 활성물질용략은 '총 티타늄디옥사이드로서 4.00 그램' 임

Q136 립밤, 립에센스 고시된 원료(아데노신)로 기능성화장품 보고하려는데 크림제로 보고하고 제품명은 립밤 또는 립에센스라고 해도 되나요?

✓ 기능성화장품(아데노신 크림제)의 경우 「화장품법 시행규칙」 제10조제1항제1호에 해당하는 경우 기능성화장품 심사제외품목 보고서를 제출하실 수 있습니다.

- 동 규정에 따른 1호 보고 제출 대상은 성분의 종류·함량, 효능·효과, 용법·용량, 기준 및 시험방법이 식품의약품안전처장이 고시한 품목과 같은 품목입니다.
- 이에 따라 작성되는 보고 품목의 효능·효과는 '피부의 주름개선에 도움을 준다', 용법·용량은 '본품 적당량을 취해 피부에 골고루 펴 바른다.'임을 참고 바랍니다.

✓ 제품명에 포함된 제형은 기능성화장품 심사(보고) 결과에 따라 소비자가 오인의 소지가 없는 표현으로 설정하도록 권장드리고 있습니다.

- 2025년 11월 현재 고형제 관련한 「기능성화장품 기준 및 시험방법」(식약처 고시) 개정을 위한 행정예고 중에 있으며 고시 개정이 완료되는 경우 해당 답변은 달라질 수 있는 점 참고 바랍니다.

Q137 탈모 기능성화장품은 기준 및 시험방법에 고시원료가 함유되어 있는데 왜 심사제외 보고가 안되는 건가요?

✓ 「기능성화장품 심사에 관한 규정」 [별표4] '자료 제출이 생략되는 기능성화장품의 종류'에 '탈모 증상의 완화에 도움을 주는 화장품'의 성분 및 함량을 고시하고 있지 않으므로, '탈모 증상의 완화에 도움을 주는 화장품' 을 표방하기 위해서는 품목별로 심사를 받아야 하고 타당한 인체적용시험자료를 제출하여야 함을 알려드립니다.

- 이 경우 「탈모 증상 완화에 도움을 주는 화장품의 인체적용시험 가이드라인(민원인 안내서)」에 따른 인체적용시험보다 동등이상으로 타당한 경우 가능할 것으로 사료됩니다.

기준 및 시험방법·안전성, 유효성

Q138 주성분이 1제 또는 2제 한쪽에만 포함되는 제품이거나 1제와 2제 각각 취할 수 없는 이층상(다층상)으로 구분되어 섞어 사용하는 미백, 주름개선 제품의 기준 및 시험방법은 어떻게 설정하나요?

✓ 1) 1제와 2제를 혼합하여 사용하는 제품

- (용법·용량) '본 품 1제와 2제를 충분히(흔들어) 섞은 후 적당량을 취해 피부에 골고루 펴 바른다' 로 설정함.(제품의 특성에 따라 상이할 수 있음.)
- (기준 및 시험방법) 'pH, 확인 및 함량시험'항은 제품의 특성에 따라 검체를 취하는 전처리 방법을 '본 품 1제와 2제를 충분히(흔들어) 섞은 후' 시험이 진행되도록 설정하고 근거자료를 제출하여야 함

  예) 1제: 분말제, 2제: 액제 / 1제와 2제 각각의 토출구는 다르나 최종 사용할 때는 하나로 섞여 나오는 제품

✓ 2) 층이 분리된 제품

- (용법·용량) '본 품을 충분히 흔들어 섞은 후 적당량을 취해 피부에 골고루 펴 바른다'로 설정함

  * 다만 제품의 특성에 따라 상이할 수 있음

- (기준 및 시험방법) 'pH, 확인 및 함량시험'항은 제품의 특성에 따라 전처리 방법(검체 취하는 방법)을 '본 품을 충분히 흔들어 섞은 후' 시험이 진행되도록 설정하고 근거자료를 제출하여여 함

Q139 기준 및 시험방법 작성 방법은 어떻게 되나요?

✓ 「기능성화장품 심사에 관한 규정」 [별표2]에 따라 제품의 품질관리에 적정을 기할 수 있는 시험항목과 기준, 시험방법을 작성하여야 합니다.

✓ 이에 따라 심사신청사는 기준 및 시험방법(한글파일)을 작성하여 제출하되 '기준'과 '시험방법'을 구분하여 작성하고 이에 부합하는 근거자료(시험성적서, 시험일지 및 시험기초자료 등 포함)를 제출하여야 합니다.

Q140 주성분이 '리포좀' 원료인 경우 별첨규격 설정은 어떻게 해야 하나요?

✓ 「기능성화장품 심사에 관한 규정」 [별표2] 기준 및 시험방법 작성요령에 따른 별첨규격(한글파일)과 근거자료를 제출하여야 함. 기타시험으로 리포좀 원료의 특성을 반영한 시험항목(예: 입도분 포, 제타 전위, 봉입율 등)을 추가로 설정하여야 합니다. 원료명은 제조방법 및 성상을 고려하여 설정(예: 나이아신아마이드O%리포좀에멀젼 또는 나이아신아마이드O%리포좀액)하여야 하며, 기원 및 개발 경위에 관한 자료에 리포좀임을 확인(제조공정, 방출 특성 등)할 수 있는 자료가 포함되어야 합니다.

✓ 주성분이 동일한 양으로 배합하였더라도 제제기술을 이용한 리포좀 원료는 단순혼합을 통한 원료와 흡수율 등의 차이가 있으므로 동일한 원료로 볼 수 없음. 따라서 리포좀 원료는 「기능성화장품 심사에 관한 규정」 [별표4] 자료제출이 생략되는 기능성화장품의 종류에 해당하지 않습니다.

Q141 자동색상배합기를 이용한 염모제를 하나의 품목으로 심사하는 경우 어떤 자료를 제출해야 하나요?

✓ 자동색상배합기에 사용하는 염모제 모두를 세부구성(용기)으로 하여 하나의 품목으로 심사할 수 있습니다. 효능·효과 설정 근거자료로 세부구성 색상을 15 계통*으로 기재하고 계통에 따른 염모효력시험자료를 제출해야 합니다. 기준 및 시험방법은 각 세부구성별로 확인시험 및 염모력 시험을 설정하고 근거자료를 제출하여야 합니다.

* (계통) 공공디자인 색채표준가이드(빨강, 주황, 노랑, 연두, 초록, 청록, 파랑, 남색, 보라, 자주, 분홍, 갈색, 흰색, 회색, 검정)

Q142 인체적용시험 시 유효성 지표의 통계분석을 어떻게 해야 하나요?

✓ 사전동질성, 1차 및 2차 유효성평가 시 정규성 검정 결과에 따라 정규성이 만족하는 경우 모수적인 방법을 적용하고, 정규성이 만족하지 않은 경우 비모수적인 통계방법으로 적용합니다. 군내 및 군간 비교 시 정규성 검정 결과 및 반복측정 등을 고려한 통계분석방법을 적용하여 평가합니다.

✓ 통계분석 방법에는 일반적인 통계 방법을 기재하고 시험결과에는 실제 적용한 통계분석 방법을 고찰하여 기재하며, 통계분석 결과에 대한 통계분석 기초자료를 별도로 첨부하여 제출하여야 합니다.

Q143 하이드로겔' 제형의 경우 기준 및 시험방법 설정은 어떻게 해야하나요?

✓ 지지체가 포함된 하이드로겔 제형의 경우 지지체에서 겔을 분리한 내용물을 가지고 확인·함량 시험을 진행하도록 설정하여야 합니다.

✓ 효능·효과를 나타내는 성분의 종류 및 분량은 동일하며 1제와 2제가 불규칙하게 혼합되어 있거나 부원료의 종류 및 배합 비율이 상이한 하이드로겔 제형(예: 상부, 하부)은 원료 성분 및 배합 비율을 각각 설정함. 또한 지지체가 있는 제형의 경우 원료성분 및 배합비율 중 지지체에 대한 세부구성을 추가하여 설정하여야 합니다.

✓ (지지체 포함) 지지체를 포함하는 경우 pH, 확인 및 함량 시험방법 설정 시 지지체로부터 분리한 내용물(하이드로겔)로 시험방법으로 설정하여야 합니다.

✓ (지지체 미포함) 하이드로겔 본 품으로 시험하는 것으로 설정하되, 효능·효과를 나타내는 성분의 종류 및 분량이 상이한 2제형 하이드로겔은 제1제 및 제2제를 각각 분리하여 시험하는 형태로 설정하여야 합니다.

Q144 하이드로겔' 제형으로 기능성화장품 심사 시 유효성 자료 면제가 가능한가요?

✓ '하이드로겔 제형'은 「기능성화장품 심사에 관한 규정」 제6조제3항에 따른 유효성 및 기능에 관한 자료 면제 대상이 아니므로 효능·효과 설정 근거자료로 유효성 또는 기능에 관한 자료(인체적용시험자료 등)가 제출되어야 합니다.

✓ 제품에 지지체가 포함되는 경우 원료성분 및 배합비율에 지지체(세부구성)를 별도로 설정하고 별첨규격(한글파일)과 규격 설정 근거자료를 제출하여야 합니다.

Q145 기능성화장품 함량 기준 초과하면 문제가 되나요?

✓「기능성화장품 심사에 관한 규정」[별표2]'기준 및 시험방법 작성 요령' 제2항3호 가목에 따라 기능성화장품의 품질관리를 위한 함량기준은 해당 성분의 배합하는 양(표시량)의 90.0 % 이상입니다.

- 다만, 그 양은 식약처고시「화장품 안전기준 등에 관한 규정」에서 정하고 있는 배합한도의 양을 초과하지 않아야 합니다.
- 예를들어 티타늄디옥사이드의 경우 제품 중 배합하는 양이 5%인 경우 표시량의 90.0% 이상이면 제품의 시험기준에 적합하며 사용한도가 25% 이므로 한도 이하로 관리하여야 합니다.

6 영유아 또는 어린이 사용 화장품의 관리

영유아 또는 어린이 사용 화장품

Q146 영유아 및 어린이 대상 화장품을 DIY 키트로 생산시 관련 법규 및 표시 기준이 있나요?

✓ 소비자가 제품 구매 후 간단한 조작을 통해 직접 만들어 화장품 용도로 사용하는 형태의 DIY 화장품인 경우, 해당 제품을 유통·판매 시 「화장품법」 제5조(영업자의 의무 등) 및 같은 법 시행규칙 제12조(화장품책임판매업자의 준수사항)에 따른 의무사항을 준수하여야 하며,

- 「화장품법」 제4조의2(영유아 또는 어린이 사용 화장품의 관리)에 따라 영유아 또는 어린이가 사용할 수 있는 화장품임을 표시·광고하려는 경우에는 제품별로 안전과 품질을 입증할 수 있는 자료를 작성 및 보관하여야 함을 알려드립니다.

Q147 영유아용 립밤 등도 안전성 자료 구비 및 영유아 화장품 관련된 사항 준수하면 출시 가능한가요?

✓ 화장품 법령에서는 영유아용 화장품에 대해 「화장품 사용할 때의 주의사항 및 알레르기 유발성분 표시에 관한 규정」(식약처고시) [별표1] 제1호 화장품의 유형 가목에 '3세 이하의 영유아용 제품류'를 정하고 있습니다.

✓ 또한, 같은 규정 [별표1] 제1호 사목 '색조화장용 제품류'에서 '립밤'을 정하고 있습니다.

✓ 영유아용 제품류가 아닌 타 유형의 화장품에 대해서도 영유아 또는 어린이가 사용할 수 있는 화장품으로 특정하여 표시·광고가 가능하나, 이 경우 「화장품법」 제4조의2

및 같은 법 시행규칙 제10조의2에 따라 화장품책임판매업자는 제품별로 안전과 품질을 입증할 수 있는 자료를 작성·보관하여야 합니다.

✓ 「영유아 또는 어린이 사용 화장품 안전성 자료의 작성·보관 관한 규정」(식약처고시)에 따라 구체적인 안전성 평가자료로서 제조 방법에 대한 설명자료, 원료에 대한 안전성 자료 등 제품별로 안전성 자료를 구비하여야 하며, 색소, 보존제 등의 제한성분 확인, 보존제 함량표시 등 관련 규정을 준수하여야 함을 알려드립니다.

Q148 어린이 대상(4세 이상)의 나이아신아마이드 2% 함유 미백 기능성 화장품을 개발하는데 영유아 또는 어린이 사용 화장품 법령 기준에 적용되나요?

✓ 화장품법령에서는 기능성화장품에 대하여 별도의 연령 기준 등을 정하고 있지 않으며, '나이아신아마이드'도 사용에 대한 별도의 연령 제한 등을 두고 있지는 않습니다.

✓ 다만 「화장품법」 제4조의2 , 같은 법 시행규칙 제10조의2, 제10조의3 및 「영유아 또는 어린이 사용 화장품 안전성 자료의 작성·보관에 관한 규정」(식약처 고시)에 따라 영유아 또는 어린이 사용 화장품의 표시·광고를 하는 경우, 제조방법에 대한 설명 자료, 원료에 대한 안전성 자료 등 제품별로 안전성 자료를 구비하여야 합니다.

- 또한 법 제10조제1항제10호 및 시행규칙 제19조제4항제8호에 따라서 법 제8조 제2항에 따라 사용기준이 지정 · 고시된 원료 중 보존제의 함량을 기재하여야 합니다.
- 참고로, 법 제4조의2에 따른 '제품별 안전성 자료' 관련 우리 처의 '영유아, 어린이 사용 화장품 관련 법령 및 규정' 관련 자료를 식약처 홈페이지(www.mfds.go.kr) 중 '법령/자료 〉 자료실〉 심포지엄 발표자료' 메뉴에 게시한 바 있으니 확인하시기 바랍니다.
- 또한, (사)대한화장품협회(www.kcia.or.kr)에서도 '영유아 또는 어린이 사용 화장품의 안전성 자료 작성방법 안내서'를 발간하여 배포하고 있으니 참고하시기 바랍니다.

Q149 영유아용 화장품 패키지에 '신생아부터 사용 가능' 문구 기재하려면 입증자료가 필요한가요?

✓ 「화장품법」 제4조의2 및 같은 법 시행규칙 제10조의2에 따라 화장품책임판매업자는 영유아 또는 어린이가 사용할 수 있는 화장품임을 특정하여 표시·광고하려는 경우에 제품별로 안전과 품질을 입증할 수 있는 자료를 작성·보관하여야 함을 알려드립니다.

- 아울러 「영유아 또는 어린이 사용 화장품 안전성 자료의 작성·보관에 관한 규정」(식약처 고시)에서 정하고 있는 안전성 자료의 작성·보관 방법 및 절차에 관한 세부사항을 참고하여 주시기 바랍니다.
- 해당 규정을 위반할 경우 같은 법 제37조에 따라 1년 이하의 징역 또는 1천만원 이하의 벌금 또는 제24조에 따른 업무 정지 등의 처분을 받을 수 있음을 알려드립니다.
- 또한, 같은 법 제14조에서는 자기가 행한 표시·광고 중 사실과 관련한 사항에 대하여는 이를 실증할 수 있어야 함을 규정하고 있으며, 「화장품 표시·광고 실증에 관한 규정」에서는 실증자료, 시험자료의 요건 등을 정하고 음을 알려드리니 참고하시기 바랍니다.

Q150 화장품의 안전성 서류가 구비될 경우 '어린이도 사용 가능하다'는 표현해도 되나요?

✓ 「화장품법」 제4조의2 및 「화장품법 시행규칙」 제10조의2, 제10조의3에 따라 영유아 또는 어린이 사용 화장품의 표시·광고를 하는 경우, 제품별 안전성 자료를 구비하여야 합니다.

- 「영유아 또는 어린이 사용 화장품 안전성 자료의 작성·보관에 관한 규정」(식약처 고시)에 구체적인 안전성 평가자료로서 제조방법에 대한 설명자료, 원료에 대한 안전성 자료 등 제품별로 안전성 자료를 구비하도록 하고 있음을 알려드리니 참고하시기 바랍니다.

※ 우리처에서는 '20년 7월 '영유아·어린이 사용 화장품 관련 법령 및 규정'에 대해 온라인설명회를 개최한 바 있으며, 관련 자료는 식약처 홈페이지(www.mfds.go.kr) 〉 법령/자료 〉 자료실 〉 심포지엄 발표자료 메뉴에서 확인하실 수 있습니다.

※ 또한, (사)대한화장품협회에서도 '영유아 또는 어린이 사용 화장품의 안전성 자료 작성방법 안내서'를 발간하여 배포한 바 있으니 참고하시기 바랍니다.

Q151 어린이 색조화장품 판매 예정인데 원료, 완제품, 포장재 안전성 자료 및 자료 보관 방법은 어떻게 되나요?

✓ 「화장품법」 제4조의2제1항에 따라 화장품책임판매업자는 영유아 또는 어린이가 사용할 수 있는 화장품임을 표시·광고하려는 경우 제품별로 안전과 품질을 입증할 수 있는 자료로 '제품 및 제조방법에 대한 설명 자료', '화장품의 안전성 평가 자료', '제품의 효능·효과에 대한 증명 자료'를 작성 및 보관하여야 합니다.

✓ 상기 법령에 따른 자료는 화장품책임판매업자가 작성·보관해야 하며, 해당 자료의 작성·보관방법 및 절차에 관한 세부사항에 대해서는 「영유아 또는 어린이 사용 화장품 안전성 자료의 작성·보관에 관한 규정」(식약처 고시)에서 규정하고 있습니다.

✓ 동 고시의 별표 제2호가목 1)에 따른 '원료에 대한 검토자료'는 해당 화장품에 사용된 각각의 원료에 대한 물리화학적 특성, 독성 등 정보를 포함한 자료로, 원료에 대한 기준규격 정보를 포함하여야 하며,

- 이 중 '독성 등 정보를 포함한 자료'는 물질보건안전자료(MSDS), 식품의약품안전평가원이나 미국 CIR(화장품 원료검토 위원회), 유럽 SCCS(소비자안전과학위원회) 등 전문기관의 원료에 대한 평가자료 등 다양한 자료를 활용할 수 있고, 합리적인 별도의 자료를 구비하는 것도 가능할 것으로 사료되나, 자료의 사용 적정 여부는 화장품책임판매업자의 판단에 따라 구비하여야 함을 알려드립니다.
- 다만, 기준규격에 따른 원료성적서(COA)는 독성에 해당하는 자료는 아님을 참고하여 주시기 바랍니다.

✓ 또한, 동 별표 제2호가목 2)에 따라 '완제품에 대한 검토자료'는 「화장품 안전기준 등에 관한 규정」 제6조에 따른 유통화장품의 안전관리 기준에 적합함을 검토한 자료를 포함하여야 함을 참고하여 주시기 바랍니다.

✓ 해당 법률은 자료의 종류보다는 구비(작성)·보관하여야 할 자료의 요건을 규정하고 있는 바, 영업자가 유통되는 품목을 자율관리하는 화장품법 체계 상 영업자에게 해당 화장품이 영유아가 사용하기에 적합한 제품인지를 사전에 확인하여 해당 제품이 안전함을 입증하는 지를 평가한 결과를 갖추도록 한 것으로,

- 우리 처에서는 개별 제품에 대한 안전성 자료의 종류를 정하거나 적절성 여부를 판단해 드리지 않으며, 위 규정에 맞도록 화장품책임판매업자는 제품의 특성이나 안전성 요인을 고려하여 자료를 구비하셔야 함을 이해 있으시기 바랍니다.

  * 아울러, 동 자료와 관련하여 대한화장품협회에서도 '영유아 또는 어린이 사용 화장품의 안전성 자료 작성방법 안내서'를 제공하고 있으니 이를 참고하실 수 있음을 알려드립니다.

✓ 한편, 「화장품법」 제9조 및 같은 법 시행규칙 제18조에는 어린이가 화장품을 잘못 사용하여 인체에 위해를 끼치는 사고가 발생하지 아니하도록 안전용기·포장을 사용하도록 규정하고 있으며,

- 현행 화장품법령상 포장재의 요건 등에 대해서 별도로 규정하고 있지 않으나, 「화장품 안전기준 등에 관한 규정」 제6조에 따라 제조 또는 보관 과정 중 포장재로부터 유해물질이 발생하지 않는 등 안전관리 기준을 준수하도록 하고 있음을 알려드리니 업무에 참고하시기 바랍니다.

✓ 또한, 「화장품법」 제14조에 따라 영업자는 자신이 행한 표시·광고 중 사실과 관련한 사항에 대해서는 이를 실증할 수 있어야 한다고 규정하고 있으며, 실증자료를 구비하였더라도 해당 자료가 화장품 관련 법령에 적합하지 않거나 실증자료 범위를 벗어나는 광고를 하지 못하도록 정하고 있습니다.

- 화장품 표시·광고는 실증한 자료의 범위 내에서 사용할 수 있으며, 실증자료는 직접적으로 관련이 있도록 해당 완제품을 대상으로 실시해야 함을 알려드립니다.

Q152 영유아 또는 어린이 사용 화장품의 안전성 서류로서 '피부일차자극 테스트(저자극테스트)'가 해당되나요?

✓「화장품법」 제4조의2제1항에 따라 화장품책임판매업자는 영유아 또는 어린이가 사용할 수 있는 화장품임을 표시·광고하려는 경우 제품별로 안전과 품질을 입증할 수 있는 자료로 '제품 및 제조방법에 대한 설명자료', '화장품의 안전성 평가자료', '제품의 효능·효과에 대한 증명 자료'를 작성 및 보관하여야 합니다.

✓ 위 법령에 따른 자료는 화장품책임판매업자가 작성·보관해야 하며, 해당 자료의 작성·보관방법 및 절차에 관한 세부사항에 대해서는 '영유아 또는 어린이 사용 화장품 안전성 자료의 작성·보관에 관한 규정(식약처 고시)'에서 규정하고 있습니다.

- 해당 규정에서 화장품 안전성 평가 자료는 제조 시 사용된 원료 및 제품의 안전성 평가 자료, 사용 후 이상사례 정보의 수집 · 검토 · 평가 및 조치 관련 자료, 제품 안전성 평가 결과 등이 해당됨을 알려 드립니다.
- 해당 자료가 위 목적에 해당되는 자료인 경우 안전성 평가 자료의 일부로 활용하실 수 있을 것으로 판단됨을 알려 드립니다.

✓ 아울러 해당 법률은 영업자가 유통되는 품목을 자율관리하는 화장품법 체계상 영업자에게 해당 화장품이 영유아가 사용하기에 적합한 제품인지를 사전에 확인하여 해당 제품이 안전함을 입증하는지를 평가한 결과를 갖추도록 한 것으로 적절한 자료를 구비하시기 바랍니다.

✓ 참고로, '제품의 효능 · 효과에 대한 증명 자료'는 '기능성화장품의 효능 · 효과에 대한 증명 자료' 및 '제품의 표시 · 광고 중 사실에 관한 실증 자료'를 작성토록 하고 있음을 알려 드리니 업무에 참고하시기 바랍니다.

7 영업자의 의무 등

영업자의 의무

Q153 비누공방에서 제조 이외에 수업 등을 할 수 있나요?

✓ 교차오염의 우려가 없는 범위에서 제조 시와 수업 시에 같은 시설(공간)을 활용하는 것이 가능할 것으로 판단됩니다.

✓ 즉, 제조 시간과 강의 시간을 구분하여 운영하고 각 기능에 따른 교차오염을 방지할 수 있다면 가능할 것으로 판단됩니다.

Q154 화장품 사용기한 설정은 누가해야 하나요?

✓ 「화장품법」 제2조에서는 '사용기한'이란 화장품이 제조된 날부터 적절한 보관 상태에서 제품이 고유의 특성을 간직한 채 소비자가 안정적으로 사용할 수 있는 최소한의 기한으로 정의하고 있으며,

- 화장품의 사용기한은 안정성시험자료 등 과학적이고 타당한 근거를 바탕으로 제품의 제조일자와 보관상태 및 제품의 특성 등을 전반적으로 고려하여 소비자가 안정적으로 사용할 수 있는 적절한 기한으로 설정하여야 합니다.

✓ 화장품의 사용기한 설정을 위한 관련 시험 등은 「화장품 안정성시험 가이드라인」에서 시험의 종류와 방법을 제시하고 있는 바, 이를 참고하시어 제품의 특성 등을 고려해 자체적으로 설계·수행된 시험 결과를 갖추셔야 함을 알려 드립니다.

✓ 참고로 화장품책임판매업자는 「화장품법」 제5조 및 같은 법 시행규칙 제12조에 따른 화장품책임판매업자의 준수사항과 같은법 시행규칙 [별표1] 및 [별표2] 각각에서 정하고 있는 품질관리기준과 책임판매후 안전관리기준 등을 준수하여야 하는 바, 상기 법령에 따라 화장품책임판매업자는 화장품의 사용기한을 설정하여 관리하여야 합니다.

Q155 화장비누 개별 10개 세트 상품 수입하여 1개씩 낱개판매 가능한가요?

✓ 「화장품법」 제2조에서는 "1차 포장"은 화장품의 제조 시 내용물과 직접 접촉하는 포장용기로, "2차 포장"이란 1차 포장을 수용하는 1개 또는 그 이상의 포장과 보호재 및 표시의 목적으로 한 포장(첨부문서 등 포함)으로 규정하고 있고,

- 같은 법 제16조에서는 누구든지 화장품의 포장 및 기재·표시사항을 훼손한 것을 판매하거나 판매할 목적으로 보관 또는 진열하지 못하도록 하고 있습니다.

✓ 세트 구성으로 수입된 제품을 화장품책임판매업자가 해체하여 낱개 판매를 하는 경우 위 규정에 위반될 수 있음을 알려드립니다.

- 따라서, 수입화장품을 낱개로 개별 판매하기 위해서는 낱개 포장 상태로 수입하여 주시기 바라며, 이 경우 낱개 판매 제품은 화장품 법령에 적합하게 포장 및 표시되어야 함을 알려드립니다.

Q156 '수입일'은 언제를 기준으로 해야 하나요?

✓ 수입 통관일자를 기준으로 합니다.

Q157 수입화장품을 국내에서 소분하여 판매해도 되는지요?

✓「화장품법」 제16조(판매 등의 금지) 제2항에서는 누구든지(맞춤형화장품조제관리사를 통하여 판매하는 맞춤형화장품판매업자 등 제외) 화장품의 용기에 담은 내용물을 나누어 판매하는 것을 금지하고 있습니다.

✓ 상기 규정에 따라 누구든지 화장품의 용기에 담은 내용물을 나누어(소분 등) 판매하는 것은 화장품법 위반사항에 해당됨을 알려드리니 참고하시기 바랍니다.

Q158 수입화장품 자가품질검사 면제 방법이 있나요?

✓「화장품법」 제5조(영업자의 의무 등) 및 같은 법 시행규칙 제12조(화장품책임판매업자의 준수사항)에 따라 화장품책임판매업자는 제조번호별로 품질검사를 철저히 한 후 유통시켜야 하며,

- 그럼에도 불구하고 제조국 제조회사의 품질관리기준이 국가 간 상호 인증되었거나, 식품의약품안전처장이 고시하는 우수화장품 제조 관리기준과 같은 수준 이상이라고 인정되는 경우에는 국내에서의 품질검사를 하지 아니할 수 있습니다.(이 경우 제조국 제조회사의 품질검사 시험성적서는 품질관리기록서를 갈음한다.)

✓ 화장품책임판매업을 등록한 자가 수입화장품에 대한 품질검사를 하지 아니하려는 경우에는 식품의약품안전처장이 정하는 바에 따라 식품의약품안전처장에게 수입화장품의 제조업자에 대한 현지실사를 신청하여야 하며,

- 이와 관련하여 「수입화장품 품질검사 면제에 관한 규정」(식약처 고시)에서는 현지실사를 신청할 때에 필요한 신청절차·제출서류 및 평가방법과 관련하여 필요한 세부사항 등을 규정하고 있으니 업무에 참고하시기 바랍니다.

Q159 호텔등 숙박업소 비치완제품 구매 후 내용물은 별도 구매하여 리필하여 사용하는 것이 문제되나요?

✓ 「화장품법」 제16조제2항에 따라 맞춤형화장품조제관리사를 통하여 판매하는 맞춤형 화장품판매업자를 제외하고는 누구든지 화장품의 용기에 든 내용물을 나누어 판매하는 것은 금지되어 있으며, 동 조항을 위반할 경우 1년 이하의 징역 또는 1천만원 이하의 벌금에 처할 수 있습니다.

- 다만, 화장품책임판매업자가 대용량으로 제조하여 유통한 화장품을 숙박업소 내에서 나누어 사용하는 것은 '판매(수여 포함)'행위로 간주할 수 없으므로 화장품법 위반사항에 해당한다고 보기 어려울 것으로 판단됩니다.

✓ 아울러, 해당 행위가 숙박업소의 객실 내 사용 등의 범주를 벗어나 화장품의 소분 판매 등 우회적인 유통·판매의 행위에 해당될 경우 법령 위반으로 처벌될 수 있으니 각별히 주의하시기 바랍니다.

Q160 화장품 원료생산은 A제조사, 소분은 B제조사에서 했다면 화장품 제조기록서는 누가 작성해야 하나요?

✓ 「화장품법」 제5조 및 동법 시행규칙 제11조 내지 12조에 따라 화장품제조업자는 제조관리기준서·제품표준서·제조관리기록서 및 품질관리기록서를 작성·보관하여야 하며, 이중 품질관리를 위하여 필요한 사항을 화장품책임판매업자에게 제출하여야 하고, 화장품책임판매업자는 제조업자로부터 받은 제품표준서 및 품질관리기록서를 보관하여야 합니다.

- 또한, B제조사가 1차 포장용기에 화장품을 소분하였다면 A제조사와 B제조사 모두에서 제조기록서를 받아 보관하여야하나 B제조사에서 2차 포장용기 공정만 하였다면 제조업무에 해당되지 않아 제조기록서 작성 의무가 없습니다.

✓ 참고로 이를 위반할 경우 「화장품법」 제38조에 따른 200만원 이하의 벌금 및 업무정지 등의 처분을 받을 수 있음을 알려드립니다.

Q161 수입화장품 1차 수입시 품질검사 후 유통한 동일 제품, 용량, 제조번호의 제품을 2차 수입(수입일자 다름)할 경우 품질검사를 중복으로 실시하여야 하나요?

✓「화장품법 시행규칙」 제12조에서는 화장품책임판매업자의 준수사항을 규정하여 품질관리기준 및 안전관리기준을 준수하도록 하고 있고 특히 제조번호별로 품질검사를 철저히 한 후 유통시키도록 규정하고 있습니다.

✓ 완제품의 제조번호 별로 품질검사를 하도록 규정되어 있으므로 같은 제품의 동일 제조번호라면 다시 시험할 필요는 없습니다.

Q162 화장품 책임판매업체는 반드시 품질검사에 대한 위수탁계약서를 제출해야 하나요?

✓「화장품법」 제3조 및 같은 법 시행규칙 제4조에 따라 직접 또는 화장품제조업자에게 위탁하여 제조된 화장품이나 수입한 화장품을 유통·판매하려는 자는 소재지 관할 지방식약청에 화장품책임판매업을 등록하여야 합니다.

✓「화장품법 시행규칙」 제12조에서는 화장품책임판매업자의 준수사항을 규정하고 있는 바 특히 제조번호별로 품질검사를 철저히 하도록 규정하고 있으며, 같은 조항 단서에 따라 다음에 해당하는 기관에 품질검사를 위탁할 수 있습니다.

- 보건환경연구원, 품질검사를 위한 시험실을 갖춘 제조업자, 화장품 시험·검사기관, 한국의약품수출입협회

✓ 법 제3조(영업의 등록)에 따른 화장품의 품질관리 및 책임판매 후 안전관리에 적합한 기준에 관한 규정의 일환으로 위와 같이 제조 또는 품질검사를 위탁하는 경우에 대해 화장품을 유통하기에 앞서 품질검사를 실시할 수 있도록 화장품책임판매업자 등록 시에 제조 또는 시험 위수탁 계약서를 제출받고 있습니다.

- 화장품책임판매업자의 계약관계에 따라 품질검사 위탁 기관이 변경될 수 있으나, 위 규정에 적합한 기관에서 품질검사를 하여야 함을 알려드립니다.

Q163 중고거래 사이트에서 개봉하여 사용했던 화장품을 판매하는것이 불법인가요?

✓「화장품법」 제16조에서는 화장품의 포장 및 기재·표시 사항을 훼손(맞춤형화장품 판매를 위하여 필요한 경우는 제외한다) 또는 위조·변조한 제품을 판매하거나 판매할 목적으로 보관 또는 진열하는 것을 금지하고 있으며,

- 「화장품법」 제15조에서는 전부 또는 일부가 변패된 화장품, 병원미생물에 오염된 화장품, 이물이 혼입되었거나 부착된 것, 용기나 포장이 불량하여 해당 화장품이 보건위생상 위해를 발생할 우려가 있는 화장품을 판매하거나 판매를 목적으로 제조수입보관 또는 진열하는 것을 금지하고 있습니다.
- 사용하던 제품을 판매하는 경우 화장품 법령 위반 사항이 확인되면 행정처분의 대상이 될 수 있으니 업무에 참고하시기 바랍니다.

Q164 화장품 유통 후 곰팡이 신고접수시 영업자는 어떻게 해야 하나요?

✓ 현행「화장품법」 제5조의2, 같은 법 시행규칙 제14조의2 및 제14조의3에 따라 영업자(화장품책임판매업자 포함)는 법령을 위반하여 국민보건에 위해를 끼치거나 끼칠 우려가 있는 화장품이 유통 중인 사실을 알게 된 경우 해당 화장품을 회수하거나 회수하는데 필요한 조치를 하여야 합니다.

- 또한 같은 법 시행규칙 제12조에서는 품질관리기준 및 책임판매 후 안전관리기준을 준수할 것을 화장품책임판매업자의 준수사항으로 정하고 있으므로,
- 화장품책임판매업자는 품질과 관련된 문제가 발생할 경우 필요한 조치를 취하여야 합니다.
- 참고로 같은 법 제23조 및 같은 법 시행규칙 제27조에 따라 식품의약품안전처장은 영업자, 판매자 또는 그 밖에 화장품을 업무상 취급하는 자에게 국민 보건에 위해를 끼칠 우려가 있는 경우 해당 물품의 회수·폐기 등의 조치를 명할 수 있습니다.

생산실적 등 보고

Q165 1제와 2제의 성분이 다른데 이경우 각각 독립된 품목으로 원료목록·생산실적 보고해야 하나요?

✓「화장품법」 제5조 및 같은 법 시행규칙 제13조에 따라 화장품책임판매업자는 총리령으로 정하는 바에 따라 화장품의 생산실적 및 화장품의 제조과정에 사용된 원료의 목록을 화장품의 유통·판매 전까지 보고해야 합니다.

- 「화장품의 생산·수입실적 및 원료목록 보고에 관한 규정」 [별표1]에 따라 생산실적 보고 시 제품명은 제품표준서의 제품명과 반드시 동일하게 기재하여야 하며, 원료목록 보고 시 제품명는 생산실적 보고한 내용과 동일하게 기재하고, 원료성분명은 원료의 성분명을 모두 기재하되 표준성분명으로 작성해야 합니다.
- 따라서 제품표준서의 제품명을 기준으로 원료목록 및 생산실적을 보고해야 하는 것이 적절한 것으로 사료되나 「화장품의 생산·수입실적 및 원료목록 보고에 관한 규정」 제2조 및 제3조에 따라 생산실적 및 국내 제조 화장품의 원료목록은 (사)대한화장품협회에 보고하여야하므로, 생산실적 및 국내 제조 화장품의 원료목록 보고에 관한 세부적인 내용은 (사)대한화장품협회 (02-761-4205)로 문의하여 주시기 바랍니다.

Q166 판매의 목적이 아닌 견본, 샘플용 화장품도 생산실적 및 원료목록 보고 대상인가요?

✓「화장품법」 제5조제5항 및 같은 법 시행규칙 제13조에 따라 화장품을 유통·판매하고자 하는 경우 화장품책임판매업자는 화장품의 제조과정에서 사용된 원료의 목록을 보고하여야 합니다.

✓ 판매의 목적이 아닌 제품에 대하여 미리 소비자 선호 조사를 위하여 소비자가 시험·사용하는 견본·샘플용 화장품도 원료목록 및 생산실적 보고하여야 합니다.

Q167 벌크 수입하면서 표준통관 및 원료목록 보고하고 국내에서 충진·포장 했는데 판매전 또 원료목록 및 생산실적 보고 해야 하나요?

✓ 「화장품법」 제5조제5항 및 같은 법 시행규칙 제13조에 따라 화장품책임판매업자는 화장품의 생산실적, 화장품의 제조 과정에서 사용된 원료의 목록 등을 식품의약품안전처장에게 보고하여야 하며, 원료의 목록에 관한 보고는 화장품의 유통·판매 전에 하여야 합니다.

- 수입 시 벌크 제품의 원료목록 보고 여부와는 무관하게 상기 규정에 따라, 국내 제조 화장품에 대하여 생산실적 및 원료목록을 보고해야 합니다.
- 또한, 「화장품의 생산·수입실적 및 원료목록 보고에 관한 규정」 제2조 및 제3조에 따라 생산실적 및 국내 제조 화장품의 원료목록은 (사)대한화장품협회에 보고하여야 하며, 수입실적 및 수입 화장품 원료목록은 (사)한국의약품수출입협회에 보고하여야 하므로, 생산실적 및 수입실적, 원료목록 보고의 세부적인 내용은 (사)대한화장품협회(02-761-4205) 및 (사)한국의약품수출입협회(02-2162-8000)로 문의하여 주시기 바랍니다.

Q168 화장품 안전성 정보 정기보고하지 않은 경우 행정처분이 어떻게 되나요?

✓ 「화장품법」 제5조제2항 및 같은 법 시행규칙 제12조제10호에 따라 화장품책임판매업자는 제품과 관련하여 국민보건에 직접 영향을 미칠 수 있는 안전성·유효성에 관한 새로운 자료, 정보사항(화장품 사용에 의한 부작용 발생 사례 포함) 등을 알게 되었을 때는 「화장품 안전성 정보관리 규정」에 따라 보고해야 함을 알려드립니다.

- 안전성 관련 정보를 보고하지 않은 경우, 과태료 처분 대상은 아니나 「화장품법 시행규칙」 별표7 행정처분의 기준 2.개별기준 차목 7)에 따라 행정처분 대상인 점 알려드립니다.

Q169 화장품 안전성 정보 정기보고 기간은 언제인가요? 보고하지 않으면 행정처분 대상인가요?

✓ 「화장품법」 제5조 및 「화장품 안전성 정보관리 규정」(식약처 고시) 제6조에 따라 화장품책임판매업자는 화장품 안전성 정보(부작용 사례를 포함)를 매 반기종료 후 1월 이내에 식품의약품안전처장에게 보고하여야 합니다.

- 안전성정보 보고는 '의약품 안전나라' → '전자보고' → '전자보고신고' → '화장품안전성 정보정기보고'에서 가능함을 알려드립니다.

✓ 상기 규정을 위반한 경우 「화장품법 시행규칙」[별표7] '행정처분의 기준' 차목에 따른 처분 대상이 될 수 있으므로, 보고 의무를 준수해 주시기 바랍니다.

Q170 맞춤형화장품판매업자도 안전성정보에 대한 정기보고를 해야 하나요? 어디에서 하나요?

✓ 「화장품법」 제5조 및 「화장품 안전성 정보관리 규정」(식약처 고시) 제6조에 따라 화장품책임판매업자는 화장품 안전성 정보(부작용 사례를 포함)를 매 반기종료 후 1월 이내에 식품의약품안전처장에게 보고하여야 합니다.

- 아울러 「화장품법 시행규칙」제12조의2제5호 개정('22.2.18.)에 따라 맞춤형화장품 판매업자도 맞춤형화장품 사용과 관련된 부작용 발생사례에 대해서는 식품의약품안전처장이 정하여 고시하는 바에 따라 식품의약품안전처장에게 보고하여야 함을 알려드립니다.

✓ 상기 안전성정보 보고는 '의약품 안전나라' → '전자보고' → '전자보고신고' → '화장품안전성 정보정기보고'에서 가능함을 알려드립니다.

Q171 화장품에 사용되는 원료의 인체적용시험에서 발생한 유해사례(중대한 유해사례 포함)도 신속 또는 정기보고 해야 하나요?

✓ 「화장품법」 제5조 및 같은 법 시행규칙 제12조제10호에 따른 식약처 고시 「화장품 안전성 정보관리 규정」 제2조(정의)에 '유해사례'와 '안전성 정보'가 다음과 같이 정의되어 있습니다.

- 유해사례: 화장품의 사용 중 발생한 바람직하지 않고 의도되지 아니한 징후, 증상 또는 질병을 말하며, 당해 화장품과 반드시 인과관계를 가져야 하는 것은 아님
- 안전성 정보: 화장품과 관련하여 국민보건에 직접 영향을 미칠 수 있는 안전성·유효성에 관한 새로운 자료, 유해사례 정보 등

✓ 상기 규정은 소비자의 화장품 사용과 관련된 안전성 정보에 대하여 보고를 하는 것이며, 원료의 안전성에 대한 정보를 의미하는 것은 아닙니다.

- 다만, 원료에 대한 인체적용 시험 중의 부작용이 해당원료가 포함된 화장품의 안전성에 영향을 미칠 경우 보고를 하여야 할 것으로 판단됩니다.

Q172 화장비누 생산실적 보고 시 용량 보고 기준은 무엇으로 하나요?

✓ 화장품의 생산실적 보고 시에 수분중량을 기재하는 것이 타당합니다.

Q173 24년1월1일부터 12월말까지 휴업기간으로 생산실적이 없는데 원료목록 보고와 생산실적 보고 해야 하나요?

✓ 원료목록보고는 제품 생산 후 판매 전 즉시 보고하여야하고, 생산실적보고는 전년도 실적을 다음해 초 2월말까지 보고하도록 규정되어 있습니다.

✓ 다만, 생산한 제품이 없는 경우 원료목록 보고는 하지 않고, 생산실적만 '실적없음'으로 보고하여야 합니다.

우수화장품 제조 및 품질관리기준

Q174 CGMP란 무엇인가요?

✓ 「화장품법」 제5조제2항 및 같은 법 시행규칙 제11조제2항에 따라 식약처장이 정하여 고시한 「우수화장품 제조 및 품질관리기준(Cosmetic Good Manufacturing Practice」의 축약어입니다.

Q175 CGMP의 목적은 무엇인가요?

✓ 「화장품법」 제5조제2항 및 같은 법 시행규칙 제11조제2항에 따라 우수화장품 제조 및 품질관리 기준에 관한 세부사항을 정하고, 이를 이행하도록 권장함으로써 화장품제조업자가 우수한 화장품을 제조공급하여 소비자보호 및 국민 보건 향상에 기여함입니다.

Q176 반제품과 벌크제품의 차이점가 무엇인가요?

✓ "반제품"이란 제조공정 단계에 있는 것으로서 필요한 제조공정을 더 거쳐야 벌크제품이 되는 것을 의미하며, "벌크 제품"이란 충전(1차포장) 이전의 제조 단계까지 끝낸 제품을 말합니다.

Q177 일탈과 기준일탈의 차이점이 무엇인가요?

✓ "일탈"이란 제조 또는 품질관리 활동 등의 미리 정하여진 기준을 벗어나 이루어진 행위를 말하며, "기준일탈 (out-of-specification)" 이란 규정된 합격 판정 기준에 일치하지 않는 검사, 측정 또는 시험결과를 말합니다.

Q178 CGMP 적합업소로 지정받기 위한 최소한의 인원에 대해 알고 싶습니다.

✓「우수화장품 제조 및 품질관리기준」 제3조에서는 제조소별로 독립된 제조부서와 품질부서를 두도록 정하고 있으며, 제조소에는 제조 및 품질 관리 업무를 적절히 수행할 수 있는 충분한 인원을 배치하도록 정하고 있습니다.

✓ 따라서 회사의 규모와 제품의 다양성에 맞추어 적절히 인원을 배치하되, 제조부서와 품질부서 인원은 겸직하지 않도록 배치하시길 바랍니다.

Q179 CGMP 조직도에 대표이사도 포함하여야 하나요?

✓ CGMP 조직도에 대표이사가 반드시 포함되어야 하는 사항은 아니며, 제조소 운영 상황에 따라 설정할 수 있습니다.

Q180 최소한 실시해야 하는 교육훈련 범위와 방법이 궁금합니다.

✓ 제조 및 품질관리 업무와 관련 있는 모든 직원들에게 각자의 직무와 책임에 적합한 교육 훈련이 제공될 수 있도록 연간계획을 수립하고 정기적으로 교육을 실시하여야 합니다. 정기의 기준은 회사 상황에 따라 정하시면 됩니다.

✓ 교육훈련의 내용 및 평가가 포함된 교육훈련 규정을 작성하여 운영하고 새로 채용된 직원이 있는 경우 업무를 적절히 수행할 수 있도록 기본 교육훈련 외에 필요시 추가 교육을 실시하도록 합니다.

Q181 품질 책임자가 외국인으로 영어만 가능하여 관리 문서를 영어로 작성하여 관리해도 되는지?

✓ CGMP의 목적, 3대 요소 등을 고려해 보았을 때 영어로 문서를 관리하는 것은 적절치 않습니다. CGMP 제조소 내 관리되는 모든 것(시설, 문서 등)은 누구나 식별이 가능하고 쉽게 이해할 수 있어야 하는데 대다수 작업자가 영어보다 모국어(한글)가 익숙하므로 영어로 작성된 문서로 소통이 원활하지 않을 것으로 생각됩니다.

Q182 화장품도 GMP 인증 마크가 있는지, 포장에 사용 가능한지 궁금합니다. 그리고 CGMP 인증 마크가 있다면 어디서 다운로드 가능한가요?

✓ 「우수화장품 제조 및 품질관리기준」제31조제4항에 따라 우수화장품 제조 및 품질관리 기준 적합판정을 받은 업소는 별표 3에 따른 로고를 해당 제조업소와 그 업소에서 제조한 화장품에 표시하거나 그 사실을 광고할 수 있습니다.

✓ 아울러, 「우수화장품 제조 및 품질관리기준」은“ 식약처 홈페이지(http://mfds.go.kr) 〈 법령/자료 〈 고시훈령예규”에서 열람하실 수 있습니다.

Q183 ISO22716을 인증 받아 운영하는 업체입니다. CGMP 추진 시 ISO22716문서와 통합 관리해도 문제가 되지 않나요?

✓ 「우수화장품 제조 및 품질관리기준」 재15조에서는 기준서의 종류 및 각 기준서에 포함되어야 할 내용에 대해 정하고 있습니다. 해당 내용을 모두 포함한 기준서라면 통합관리가 가능하다고 판단됩니다.

Q184 사용중인 계측기 및 설비(온·습도계, 저울 등) 자체 검교정 가능한가요?

✓ 「화장품법」 제5조(영업자의 의무 등) 및 같은 법 시행규칙 제11조(화장품제조업자의 준수사항 등)에 따라 식품의약품안전처장은 화장품제조업자에게 「우수화장품 제조 및 품질관리기준」(식약처 고시)을 준수하도록 권장하고 있습니다.

✓ 동 고시 제10조(유지관리)제1항에 따라 건물, 시설 및 주요 설비는 정기적으로 점검하여 화장품의 제조 및 품질관리에 지장이 없도록 유지·관리·기록하여야 하며, 제5항에 따라 제품의 품질에 영향을 줄 수 있는 검사·측정·시험장비 및 자동화장치는 계획을 수립하여 정기적으로 검교정 및 성능점검을 하고 기록하도록 정하고 있습니다.

✓ 공인기관에서 검교정 받은 표준기기를 이용하여 내부적으로 검교정 가능할 것으로 사료되며, 동 고시 제10조제6항에 따라 유지관리 작업이 제품의 품질에 영향을 주어서는 안됨을 알려드리니 품질관리 업무에 만전을 기하여 주시기 바랍니다.

Q185 CGMP 인증업체로 생산량 증가에 따라 가까운 거리에 일부작업 CGMP 공장 추가 등록 가능한가요?

✓「화장품법」 제3조(영업의 등록)제1항 및 같은법 시행규칙 제5조(화장품제조업 등의 변경등록)제1항제1호다목에 따라 화장품제조업자는 제조소의 소재지가 변경된 경우 소재지 관할 지방식품의약품안전청에 변경등록을 하여야 함을 알려드리며, 소재지 변경을 수반하는 제조소 추가의 경우 화장품제조업 변경등록이 필요함을 알려드립니다.

- 「화장품법」 제5조(영업자의 의무 등) 및 같은 법 시행규칙 제11조(화장품제조업자의 준수사항 등)제2항에 따른 우수화장품 제조 및 품질관리기준 적합업소인 경우, 상기 규정에 따른 화장품제조업 변경등록 대상이 되는 소재지 변경의 경우에는 CGMP 변경 지정 신청을 하셔야 하며,
- 특히, 제조소 추가 등 신축에 따른 소재지 변경의 경우에는 별도의 서류검토 및 실태조사 등을 통한 우수화장품 제조 및 품질관리기준 적합판정이 필요할 수 있음을 알려드립니다.

Q186 CGMP를 준비하는 업체입니다. 참고할 수 있는 제품표준서, 제조관리기준서, 품질관리기준서, 제조위생관리기준서의 예시가 있나요?

✓ 우수화장품 제조 및 품질관리기준(CGMP)해설서의 [부록4]에 첨부하였습니다. 다만, 해당 예시는 관리문서 작성을 돕고자 제공하는 것으로 부록에 수록된 내용을 참고하여 각 사의 업무 여건에 맞게 작성•관리하시기 바랍니다.

※「우수화장품 제조 및 품질관리기준(CGMP) 해설서(민원인 안내서)」는 " 식약처 홈페이지(http://mfds.go.kr)〈 법령/자료〈 법령정보〈 공무원지침서/민원인안내서에서 열람하실 수 있습니다.

Q187 CGMP 컨설팅을 통해 CGMP 기준서 및 기록서 등의 잘못 관리된 사항을 발견한 경우, 이전 관련된 모든 서류를 모두 정정해야 하나요 아니면 확인된 날 이후로 해당 부분만 정정하여 관리해야 하나요?

✓ CGMP와 맞지 않은 기준 또는 기록으로 개정이 필요한 사항이 발견되었다면 발견된 시점 이후로 해당 내용에 대한 개정 사유와 개정 내용을 포함한 문서를 작성, 확인, 조사, 승인의 작업을 거쳐 개정하여 사용하면 됩니다.

Q188 남자갱의실, 여자갱의실 각 1개씩 있어 2급지와 3급지 작업자가 함께 사용하고 있는데 문제가 될까요?

✓ 급지에 맞게 작업자 갱의실도 구분하여 관리하는 것이 적절하나 부득이한 경우 2·3급지 작업자를 복장 등으로 명확히 구분하고 가급적 복도 이동 시 동선이 구분되도록 관리하여야 합니다.

Q189 식약처에서 배포한 CGMP 해설서 내용을 보면 '입고된 원자재는 "적합", "부적합", "검사중" 등으로 상태를 표시하여야 한다. 다만, 동일 수준의 보증이 가능한 시스템이 있다면 대체할 수 있다." 라고 되어 있는데, 여기서 명시하는 동일 수준의 보증이 가능한 시스템은 어떠한 시스템인지?

✓ 기본적으로 CGMP는 인위적인 과오 방지를 목적으로 원자재 관리가 되어야 합니다. 어떤 작업자가 작업을 하더라도 현 작업 상태를 알 수 있도록 명확하게 관리하여야 한다는 의미입니다. 전자 시스템의 경우, 설정한 작업 내용과 실제 작업 내용(예시: 잘못 칭량되거나 수량 불일치 등)이 다르면 작업이 진행되지 않아 인위적인 과오를 방지할 수 있으므로 해당 시스템 등으로 대체될 수 있습니다.

Q190 밸리데이션을 반드시 해야 하는지?

✓ CGMP에서는 화장품 밸리데이션에 대해 정하고 있지 않으나, 필요한 경우 자사 기준을 설정하여 운영할 수 있습니다.

Q191 CGMP 변경신청을 하여야 하는 대상과 그 절차에 대해 알고 싶습니다.

✓ 「화장품법 시행규칙」 제5조(화장품제조업 등의 변경등록)에 따른 화장품제조업 변경등록 사유가 발생하였다면 소재지의 관할 지방식약청에 '화장품제조업 변경 등록'을 완료 후 제조업체의 공문, CGMP 적합업소 인증서 원본, 변경 등록이 완료된 소재지 관할 지방청 공문, 변경 등록이 완료된 화장품 제조업 등록필증 앞·뒷면 사본을 함께 식약처 화장품정책과로 제출하여 CGMP 적합업소 인증서 변경을 신청하여 주시길 바랍니다.

Q192 보관소(원료, 자재, 완제품 등)는 반드시 같은 제조동에 위치하여야 하나요? 제조소가 협소하여 2개동으로 운영을 계획하고 있습니다.

✓ 모든 보관소가 반드시 같은 공간에 있어야 하는 것은 아닙니다. 다만, 이동에 따른 오염, 적절하지 않은 보관으로 제품의 품질 저하와 같은 문제 발생할 우려가 있어 이러한 상황에 대한 대책을 마련하여 관리하여야 합니다.

Q193 보관 공간이 협소하여 관리품, 벌크, 원료 보관용 검체를 동일한 보관소에서 보관하고자 하는데 CGMP 규정에서 문제되나요?

✓ 각각 구획된 장소에서 보관하는 것이 원칙이며, 다만 부득이한 경우 서로 혼동을 일으킬 우려가 없는 시스템을 마련하여 보관하여야 합니다.

Q194 원자재 입고 시 부적합 판정이 나오는 경우 바로 반품하는데 이런 경우에도 반드시 원료 및 자재 보관소에 부적합 구역을 마련하여야 하나요?

✓ 적합 판정된 원자재와 혼동의 우려가 없도록 관리하여야 하고, 입고검사를 통과하더라도 공정에 투입되어 사용되면서 자재, 원료의 부적합이 발생할 수 있으므로 부적합품 보관구역은 필요합니다.

Q195 2급지에는 지류 반입이 불가한 것으로 알고 있는데 수세실(2급지)에서 종이타올 사용이 가능한지?

✓ 2급지 내 지류 반입 불가한 것은 외부에서 원자재 입고 시 담는 더럽혀진 지류를 일반적으로 지칭합니다.

✓ 이외 정해진 규정은 없으므로 환경모니터링이 된다면 가능합니다.

Q196 전 제조소를 2급으로 관리하는 것과 칭량실/제조실/벌크보관소/충진실은 2급지, 나머지는 3급지로 관리하는 것 중 더 효율적인 관리는?

✓ 제조소의 구조, 공기 조화 시설 설치 상황, 인동선, 물동선의 흐름 등을 고려하여 보다 효율적인 관리방법(작업자의 업무 효율, 유지비용 등)으로 결정하시길 바랍니다. 전 제조실을 2급지로 관리한다면 기준서에 따라 환경 모니터링 및 차압 등을 통해 청정도 관리가 되어야 합니다.

Q197 CGMP 적합업소로 지정 받으려면 에어샤워 설치는 필수사항인가요?

✓ 「우수화장품 제조 및 품질관리기준」 에서는 에어샤워를 반드시 설치해야 한다고 정하고 있지 않습니다. 제조소 특성에 따라 필요시 설치할 수 있습니다.

Q198 CGMP 인증심사 신청 시 제출해야하는 서류는 무엇인가요?

✓ 1) 우수화장품 제조 및 품질관리기준에 따른 3회 이상 적용·운영한 자체평가표, 2) 화장품 제조 및 품질관리기준 운영조직, 3) 제조소의 시설내역, 4) 제조관리현황, 5) 품질관리현황 입니다. 상세 준비 관련 서류는 우수화장품 제조 및 품질관리기준 고시 별지 1호 서식을 보면 신청서 뒷면에 〈구비서류〉로 기재되어 있으니 참고해 주시기 바랍니다.

Q199 고시에 CGMP 적합업소는 3년에 1회 이상 실태조사를 받도록 규정되어 있는데 3년마다 업체가 다시 신청하여 갱신 받아야 하는 것인가요?

✓ 별도의 신청 절차는 없으며, 3년에 1회 이상 소재지 관할 지방청에서 사후관리를 실시하고 있습니다.

Q200 연구소와 품질부서가 같은 공간에서 업무를 수행하고 있습니다. 이러한 경우 CGMP 규정상 문제가 되나요?

✓ 연구소와 품질부서가 시험실을 공유하고자 한다면 연구소와 품질부서에서 사용하는 검체나 원료, 시약들은 라벨링을 통해 정확히 구분하여 혼동되지 않도록 관리하시기 바랍니다.

Q201 원료, 자재, 완제품 등을 다른 층으로 이동 시 엘리베이터를 사용하는데 엘리베이터 급지 관리는 어떻게 해야 하는지요?

✓ 엘리베이터로 인해 교차오염이 되지 않도록 청소·소독 등 기준을 설정하여 관리하고 입·출구 장소에는 에어커튼을 설치하는 등 외부 공기가 유입되지 않도록 관리할 수 있습니다.

Q202 화장품 위수탁하여 제조업을 하고자 하는데, 일부공정 제조업체도 CGMP를 지정 받을 수 있나요?

✓ 일부 공정(벌크 제조 또는 충전·포장(1차포장))을 수행하는 화장품제조업체도 CGMP 지정 평가 신청을 할 수 있으며 기준에 적합 시 CGMP 지정업소로 지정받을 수 있습니다. 참고로, 전 공정을 수행할 수 있는 제조업체가 일부 공정만을 신청하는 것은 불가능합니다.

Q203 CGMP 적합업소 지정이 전 공정과 일부공정으로 분류되어 있는데 어떤 경우에 일부공정으로 지정받을 수 있나요?

✓ 화장품의 충전·포장(1차 포장)만 하는 화장품제조업자, 벌크제조만 하는 화장품제조업자에 한하여 일부공정으로 지정하고 있습니다.

Q204 벌크통, 기구 등을 세척 하기 위해 세척실을 가려면 제조실(2급지)을 통과하여야 합니다. 해당 동선이 CGMP 운영 시 문제 되나요?

✓ 작업소를 이동통로로 사용하는 경우 작업 중인 제품의 품질 저하 우려가 있어 바람직하지 않습니다. 가능하다면 별도의 동선을 마련(예시: 바닥 마킹)하거나 작업이 없을 때에만 이동하도록 조치하는 등의 방법으로 기준을 정하여 운영하시기 바랍니다.

Q205 원료보관소가 3급지, 칭량실은 2급지로 설정되어 있습니다. 이런 경우, 전실이 따로 필요한지 그리고 급지 변화에 따른 작업원의 이동이 제한되는지 궁금합니다.

✓ 전실이 있다면 청정도 유지에 보다 효과적일 수 있습니다. 다만, 제조소 공간이 협소하여 전실 마련이 어렵다면 차압 등의 방법으로 청정도를 유지할 수 있습니다. 급지 간 작업원 이동(예시: 2급지→3급지)은 가능하나 이러한 경우 교차오염의 우려가 있으므로 이동에 따른 오염방지대책을 마련하고 그 절차에 따라 관리하여야 합니다.

Q206 동일한 급지(3급지 또는 2급지)로 설정하여 수세실 옆에 작업자 휴게실을 마련하고자 하는데 가능한지? 해당 공간에는 책상과 의자만 설치할 계획입니다.

✓ 작업자 휴게실을 수세실 옆으로 마련하는 것은 문제 되지 않으나 작업자가 식·음료 인입 및 섭취, 급지에 맞지 않은 복장 등 제조소 내 금지된 행위가 이루어질 위험요소가 높으니 이에 대한 관리·감독을 철저히 하여야 할 것입니다.

Q207 재평가를 통해 원료의 사용기한을 연장할 수 있나요?

✓ 원칙적으로 원료공급사의 사용기한을 준수하여 보관 기한을 설정하여야 합니다. 원료의 사용기한이라는 것은 원료공급사가 원료 공급 시에 설정해 놓은 것으로, 완제품 제조소인 CGMP 업체에서 임의로 사용기한을 연장할 수 없으며, 최초 사용기한 이내에 원료공급사가 사용기한을 연장해 주는 경우에만 사용기한 연장이 가능합니다.

Q208 식품의약품안전처는 CGMP 적합판정 평가 시, 어떠한 기준으로 실태조사를 실시 하는지?

✓ 우수화장품 제조 및 품질관리기준 고시 별표 2를 보면 '우수화장품 제조 및 품질관리기준 실시상황 평가표'가 있는데 실제 인증심사 시 해당 체크리스트를 활용하여 점검하고 있습니다. 해당 체크리스트에 따라 현재 관리 상황을 확인해 보시길 바랍니다.

Q209 물 공급 설비 관련하여 정제수 보관탱크와 배관이 PVC 재질로 되어 있는데, CGMP 인증에는 문제가 없나요?

✓ 「우수화장품 제조 및 품질관리기준」제14조(물의 품질)에 따라 우수화장품 제조 및 품질관리기준 적합업소는 화장품의 제조 등에 사용되는 물에 대해 사용 목적에 맞는 품질이 유지될 수 있도록 적합한 공급 설비를 갖추고 품질관리를 하여야 합니다.

✓ 다만, 용기로부터 유해물질 방출 등 용기로 인한 물의 품질에 영향을 최소화할 수 있도록 정제수 보관용기의 재질을 스테인레스(stainless) 재질로 권장하고 있습니다.

✓ 폴리염화비닐(PVC) 재질 등의 용기를 사용할 경우 해당 용기로 인해 물의 품질에 영향이 없는지를 충분히 검토하여야 합니다.

Q210 정제수실은 꼭 있어야 하는지? 정제수실 설치 및 유지관리 비용이 많이 발생합니다.

✓ 제조소의 규모와 생산하는 화장품 유형에 따라 결정하여 운영할 수 있습니다.

Q211 CGMP 적합업소 지정 시 요구되는 제조소의 최소 면적 기준이 있나요?

✓ 실태조사 시 제조소에서 다루고 있는 품목수, 실시하는 품질검사 항목 등을 종합적으로 고려하여 검토하며 별도 최소 면적 기준은 없습니다.

Q212 화장품 이외의 제품(의약외품, 애완용품 등)을 동일한 제조소에서 제조해도 CGMP 인증에 문제가 없나요?

✓ 「화장품법 시행규칙」 제6조제3항에서 '화장품제조업자는 화장품의 제조시설을 이용하여 화장품 외의 물품을 제조할 수 있습니다. 다만, 제품 상호 간에 오염의 우려가 있는 경우에는 그러하지 아니하다.'로 정하고 있습니다.

✓ 따라서, CGMP와 여부와 관계없이 화장품 제조시설을 이용하여 타 물품 제조가 가능합니다. 다만, 이러한 경우에는 타 물품과의 교차오염에 각별히 유의하여 관리하여야 합니다. 아울러, 해당 물품에 대한 소관 법령도 별도 확인하시기 바랍니다.

Q213 충진·포장 작업을 하려면 종이박스 반입이 불가피한데 충진실과 포장실 관리는 어떻게 하여야 하는지?

✓ 제품의 내용물이 직접 노출되는 충진실은 2급지, 내용물의 직접 노출이 없는 포장실은 3급지로 관리하는 것이 적절합니다. 종이박스는 먼지 등으로 오염의 우려가 있어 급지에 따른 환경을 관리할 수 있도록 기준을 마련하여 관리하시기 바랍니다.

Q214 차압계는 청정도가 다른 공간마다 반드시 설치해야 하는지?

✓ 청정도가 변경되는 구간에는 차압을 설정하여 교차오염을 예방하여야 합니다. 이 경우 차압계 등을 통해 차압을 눈으로 확인할 수 있는 방안을 마련하여 관리하는 것이 일반적입니다.

Q215 포장재가 입고되면 로트 단위로 적합판정 하고 있습니다. 사용 후 남은 포장재(로트 단위로 적합 라벨링을 부착하고 사용하고 남은 포장재에는 아무 표시를 하지 않은 채 부자재 보관소에서 보관하여 식별 불가)는 어떻게 관리해야 하는지?

✓ 동일한 형태로 재포장하고 '환입라벨' 등을 이용하여 남은 수량만큼 표시하여 식별·관리할 수 있습니다.

Q216 품질시험을 전부 외부에 맡길 경우에는 품질관리 인원 없이 제조부서에서 일부의 공정검사만 진행해도 문제가 없나요?

✓ 품질시험을 외부에 맡기더라도 외부시험 결과를 확인하고 제조부서에 내용을 피드백하며 품질 관련 협의를 하는 품질 인력은 확보되어야 합니다.

Q217 CGMP 적합업소로 지정 받으려면 공기 조화 시설 설치가 필수사항 인가요?

✓ 「우수화장품 제조 및 품질관리기준」 제8조에서는 제품의 오염을 방지하고 적절한 온도 및 습도를 유지할 수 있는 환기시설을 갖추도록 정하고 있습니다. 제조소 특성에 맞는 기준을 설정하여 온·습도 등을 관리하시기 바라며, 자세한 사항은 '우수화장품 제조 및 품질관리 기준 해설서'를 참고해 주시기 바랍니다.

Q218 해외에 공장이 있는 경우 우수화장품 제조 및 품질관리기준(CGMP) 인증 받을 수 있나요?

✓ 「화장품법」 제5조(영업자의 의무 등) 및 「화장품법 시행규칙」 제11조(화장품제조업자의 준수사항 등)에서는 식품의약품안전처장은 화장품제조업자에게 「우수화장품 제조 및 품질관리기준」을 준수하도록 권장할 수 있다고 규정하고 있습니다.

- 해외 제조소의 경우 「수입화장품 품질검사 면제에 관한 규정」(식약처 고시) 제2조(실사신청)에 따라 화장품책임판매업자가 수입화장품의 품질검사를 면제받기 위하여 수입화장품의 제조업자에 대한 현지실사를 신청하도록 하고 있으며,
- 동 고시 제4조(현지실사 및 평가방법)에서 수입화장품 제조업자에 대한 현지실사의 평가는 「우수화장품 제조 및 품질관리기준」(식약처 고시) 제30조에 따른 평가방법을 준용한다고 규정하고 있습니다.

Q219 해외 공장 CGMP 인증업체도 3년마다 실태조사를 위한 실사가 있나요?

✓ 국내 제조소에 대해서 「우수화장품 제조 및 품질관리기준」(식약처고시) 제30조(평가 및 판정)에 따라 식품의약품안전처장은 제출된 자료를 평가하고 [별표2]에 따른 실태조사를 실시하여 우수화장품 제조 및 품질관리기준 적합판정한 경우에 별지 제3호 서식에 따른 우수화장품 제조 및 품질관리기준 적합업소 증명서를 발급하고 있으며,

- 동 고시 제32조(사후관리)에서는 별표 2의 우수화장품 제조 및 품질관리기준 실시상황평가표에 따라 3년에 1회 이상 실태조사를 실시하여야 한다고 규정하고 있습니다.

✓ 「수입화장품 품질검사 면제에 관한 규정」 제5조(평가인정서 발급 등)제1항에 따라 수입화장품 제조업자에 대한 현지실사 결과 수입화장품 제조업자의 품질관리기준이 「우수화장품 제조 및 품질관리기준」(식약처 고시)보다 동등이상이라고 평가받은 화장품책임판매업자에게 별지 제2호 서식에 따른 '평가인정서'를 발급하고 있으며, 동 고시 제7조(사후관리)에 따라 제4조에 따른 평가인정을 받은 수입화장품 제조업자에 대하여 '필요시 사후관리'를 할 수 있다고 규정하고 있음을 알려드리니 업무에 참고하여 주시기 바랍니다.

제3장

화장품의 취급

제3장 화장품의 취급

1 기준

화장품 안전기준 등

Q220 정제수(물)가 포함된 데오도런트 제품인데 pH기준에 따라야 하나요?

✓ 「화장품 안전기준 등에 관한 규정」(식약처 고시) 제6조에서는 유통화장품에 있어 공통 및 유형별로 적합 기준을 정하고 있으며,

- 해당 고시 제6조제6항에서는 "영 · 유아용 제품류(영 · 유아용 샴푸, 영 · 유아용 린스, 영 · 유아 인체 세정용 제품, 영 · 유아 목욕용 제품 제외), 눈 화장용 제품류, 색조 화장용 제품류, 두발용 제품류(샴푸, 린스 제외), 면도용 제품류(셰이빙 크림, 셰이빙 폼 제외), 기초화장용 제품류(클렌징 워터, 클렌징 오일, 클렌징 로션, 클렌징 크림 등 메이크업 리무버 제품 제외) 중 액, 로션, 크림 및 이와 유사한 제형의 액상제품은 pH 기준이 3.0~9.0(다만, 물을 포함하지 않는 제품과 사용한 후 곧바로 물로 씻어 내는 제품은 제외)이어야 한다라고 정하고 있습니다.

✓ 채취방지용 제품류(데오도런트)에 해당하는 경우 상기 규정에 해당되지는 않으나, 위 유통화장품 안전기준에서 제외되는 경우에도 제품의 사용법, 사용부위, 피부자극 등을 충분히 검토하여 제품의 안전성을 확보할 수 있는 pH를 설정하여야 함을 알려드립니다.

Q221 향수의 pH범위가 규정되어 있나요?

✓ 「화장품 안전기준 등에 관한 규정」(식약처 고시) 제6조에서는 유통화장품에 있어 공통 및 유형별로 적합 기준을 정하고 있으며,

- 해당 고시 제6조제6항에서는 "영 · 유아용 제품류(영 · 유아용 샴푸, 영 · 유아용 린스, 영 · 유아 인체 세정용 제품, 영 · 유아 목욕용 제품 제외), 눈 화장용 제품류, 색조 화장용 제품류, 두발용 제품류(샴푸, 린스 제외), 면도용 제품류(셰이빙 크림, 셰이빙 폼 제외), 기초화장용 제품류(클렌징 워터, 클렌징 오일, 클렌징 로션, 클렌징 크림 등 메이크업 리무버 제품 제외) 중 액, 로션, 크림 및 이와 유사한 제형의 액상제품은 pH 기준이 3.0~9.0(다만, 물을 포함하지 않는 제품과 사용한 후 곧바로 물로 씻어 내는 제품은 제외)이어야 한다라고 정하고 있습니다.

✓ 방향용 제품류(향수)에 해당하는 경우 상기 규정에 해당되지는 않으나, 위 유통화장품 안전기준에서 제외되는 경우에도 제품의 사용법, 사용부위, 피부자극 등을 충분히 검토하여 제품의 안전성을 확보할 수 있는 pH를 설정하여야 함을 알려드립니다.

Q222 화장비누 등 화장품에 「화장품 색소 종류와 기준 및 시험방법」에 고시된 성분 이외의 성분을 색소로 사용할 수 있나요?

✓ 화장품에는 「화장품 색소 종류와 기준 및 시험방법」에 고시된 성분만을 색소로 사용할 수 있습니다.

✓ 해당 고시에 명시되어 있지 않은 색소는 사용할 수 없으며, 사용이 필요한 경우 「화장품 원료 사용기준 지정 및 변경 심사 가이드라인」에 따라 고시에 등재한 이후 사용할 수 있습니다.

※ [참고] 색소란? '화장품이나 피부에 색을 띄게 하는 것을 주요 목적으로 하는 성분'을 말합니다.

Q223 자외선차단제, 염모제 목록에 등재되지 않은 원료를 주성분으로 기능성화장품 심사를 받으려면 어떻게 해야 하나요?

✓「화장품 안전기준 등에 관한 규정」[별표2]에 등재되어 있지 않은 자외선차단제, 염모제 성분을 기능성화장품 주성분으로 배합하려면 우선적으로 동 규정 [별표2] 사용상의 제한이 필요한 원료에 등재하여야 함. 목록 등재를 위해서는「화장품 원료 사용기준 지정 및 변경 심사에 관한 규정」에 정해진 자료를 구비하여 심사를 받아야 함.

✓「화장품 안전기준 등에 관한 규정」[별표2]에 등재되어 있지 않은 자외선차단제, 염모제 성분은 기능성화장품 심사를 받을 수 없으므로 원료 사용기준 심사 의뢰에 따라 목록에 등재 후 기능성화장품 심사가 가능함

Q224 에센스가 적셔진 패치(마스크팩)의 함량 표시는 패치포함 무게인지 에센스만의 무게인지요?

✓「화장품 안전기준 등에 관한 규정」(식약처 고시) [별표4] 유통화장품 안전관리 시험방법 중 III.일반사항에서는 '검체'란 부자재(예:침적마스크 중 부직포 등)를 제외한 화장품의 내용물로 하며, 부자재가 내용물과 섞여 있는 경우 적당한 방법(예:압착, 원심분리 등)을 사용하여 이를 제거한 후 검체로 하여 내용량 등의 시험을 하도록 정하고 있습니다.

✓부자재(부직포 등)를 제외한 화장품의 실제 내용액만의 용량 또는 중량을 표시하여야 합니다.

Q225 화장품 내 미세플라스틱은 사용금지 원료인가요?

✓ 「화장품법」 제8조 및 「화장품 안전기준 등에 관한 규정」(식약처 고시)에서는 유통화장품 안전관리 기준에 관한 사항을 정하고 있으며, 동 고시 [별표1] 화장품에 사용할 수 없는 원료로 '미세플라스틱'을 다음과 같이 규정하고 있습니다.

- 미세플라스틱(세정, 각질제거 등의 제품에 남아있는 5mm 크기 이하의 고체플라스틱)

✓ 해당 사항은 미세플라스틱에 따른 환경오염 등의 우려 및 제외국(미국, 캐나다 등) 규제 현황을 고려하여 미세 플라스틱 의 사용을 금지하고 있는 것으로

- 상기 규정에 따른 '5mm 크기 이하의 고체플라스틱'에 해당하지 않음을 입증할 수 없는 경우, 세정, 각질제거 등의 제품에 사용할 수 없음을 알려드립니다.

Q226 사용금지 원료가 아니라면 화장품 제조에 원료를 사용할 수 있나요? 책임은 '화장품 책임판매업자'에게 있는 건가요?

✓ 2012년 화장품법 전면개정에 따라 정부에서는 사용가능한 원료를 별도로 지정하지 않고, 사용금지원료 및 보존제, 자외선차단제 및 색소 등 사용상 특별히 주의가 필요한 원료 및 유통화장품 안전관리기준을 정하여 관리하고, 그 밖의 성분은 업자의 책임하에 사용하도록 규정하고 있습니다.

✓ 이에, 원료에 대한 안전성 확보 및 사용원료에 대한 품질확보는 책임판매업자의 의무사항이며 화장품 책임판매업자는 원료 사용 전 안전성 등을 검토하여 사용 여부를 판단하여야 할 것입니다.

Q227 물을 포함하지 않고 있는 손발톱용 제품류에도 미생물 한도 시험을 해야 하나요?

✓「화장품 안전기준 등에 관한 규정」(식약처고시) 제6조제1항에 따라 유통화장품은 제2항부터 제5항까지의 안전기준에 적합하여야 하며, 유통화장품 유형별로 제6항부터 제9항까지의 안전관리 기준에 추가적으로 적합하도록 규정하고 있습니다.

- 손발톱용 제품류의 경우에는 제6조제4항제3호의 기타화장품으로서 1,000개(g/mL) 이하의 미생물 한도기준이 적용됨을 알려드립니다.

Q228 화장품 원료로 줄기세포 배양액 활용이 가능한가요?

✓「화장품법」 제8조에 따른 「화장품 안전기준 등에 관한 규정」(식약처 고시) [별표1]과 [별표2]에서는 각각 화장품에 사용할 수 없는 원료와 사용상의 제한이 필요한 원료를 정하고 있습니다.

- 그 외 원료에 대해서는 책임판매업자의 안전성에 대한 책임 하에 사용토록 상기 법령 등에 규정하고 있으며, 특정 물질을 화장품 원료로 사용하기 위해서는 상기 규정의 취지에 맞도록 해당 원료에 대한 충분한 검토와 적절한 기준·규격 및 그 배합량, 배합목적이 화장품의 정의에 부합하여야 함을 알려드립니다.

✓ 상기 고시 [별표1]에 따라 '인체 세포·조직 및 그 배양액'은 원칙적으로 화장품에 사용할 수 없으나, 배양액에 한하여 [별표 3]에 따른 '인체 세포·조직 배양액 안전기준'을 준수할 경우에만 제한적으로 사용이 가능합니다.

Q229 화장비누 내용물의 용량 또는 중량 표기 시, '수분중량'과 '건조중량'을 반드시 모두 표시해야 하나요?

✓ 수분중량과 건조중량을 모두 표시해야 합니다.

✓ 유통화장품은 식약처 고시 「화장품 안전기준 등에 관한 규정」 제5조에서 정한 '유통화장품 안전관리 기준'에 적합하여야 하며, 해당 기준에 따라 내용량은 표시량의 97% 이상이 나와야 합니다.

✓ 화장비누의 경우 동 내용량 기준을 '건조중량'으로 하도록 정하고 있습니다.

※ [참고] 내용량 기준을 수분중량을 기준으로 할 경우 유통 중 수분손실로 인해 내용량이 표시량의 97% 이상이라는 기준에 부적합할 우려가 높아 수분중량을 기준으로 삼기 어렵습니다

Q230 '화장품 안전기준 등에 관한 규정' [별표2]에 수산화나트륨(NaOH)은 사용상의 제한이 있는데 화장비누 제조에도 해당되나요?

✓ 화장비누 제조에 사용되는 수산화나트륨은 비누화 반응(및 중화반응)을 거쳐 최종 제품에는 남아있지 않는 것을 의도하기 때문에, 해당 제한 규정에 저촉되지 않을 것으로 판단됩니다.

안전용기·포장 등

Q231 아세톤을 사용하지 않은 네일 에나멜 리무버 및 네일 폴리시 리무버 제조·판매할 경우 안전용기를 꼭 사용해야 되나요?

✓「화장품법」 제9조 및 같은법 시행규칙 제18조에서는 어린이가 화장품을 잘못 사용하여 인체에 위해를 끼치는 사고의 발생을 예방하기 위하여 안전용기·포장 의무 적용 대상 및 기준 등을 정하고 있습니다.

- 동 입법취지를 고려하였을 때, 해당 규정에서 정하고 있는 성분에 해당되지 아니할지라도 어린이의 오용 등으로 인한 중독사고 등이 발생할 가능성이 있는 성분의 제품이라면 안전용기·포장을 사용하시는 것이 바람직함을 알려드립니다.

Q232 어린이용 오일 등 액체상태의 제품 등을 안전용기 포장대상 품목으로 정하고 있는데 성인용도 포함되나요?

✓「화장품법」 제9조에 따라 화장품 책임판매업자는 화장품을 판매할 때에는 어린이가 화장품을 잘못 사용하여 인체에 위해를 끼치는 사고가 발생하지 아니하도록 안전용기·포장을 사용하여야 합니다.

✓ 같은법 시행규칙 제18조에서는 '어린이용 오일 등 개별포장 당 탄화수소류를 10퍼센트 이상 함유하고 운동점도가 21센티스톡스(섭씨 40도 기준) 이하인 에멀션 형태가 아닌 액체상태의 제품'등을 안전용기·포장 대상 품목으로 정하고 있습니다.

- 상기 규정의 적용대상은 어린이 오일로 한정하고 있지 않으며, 오용 등으로 인한 인체 위해를 예방하고자 하는 동 제도의 취지를 고려하여 개별포장당 탄화수소류를 10퍼센트 이상 함유하는 등 상기 범위에 해당하는 제품은 안전용기·포장을 적용하여야 함을 알려드리니 업무에 참고하시기 바랍니다.

Q233 아세톤 70~85% 처방의 네일 리무버 용기를 펌프 타입으로 출시해도 되나요?

✓ 「화장품법」 제9조 및 같은 법 시행규칙 제18조에서 어린이가 화장품을 잘못 사용하여 인체에 위해를 끼치는 사고의 발생을 예방하기 위한 안전용기·포장 대상 품목 및 기준 등을 정하고 있습니다.

✓ 상기 시행규칙 제18조제1항제1호에 따라 아세톤을 함유하는 네일 에나멜 리무버 및 네일 폴리시 리무버의 경우에는 안전용기·포장을 사용해야 하는 품목에 해당하나,

- 상기 규정의 단서조항에 따라 일회용 제품, 용기 입구 부분이 펌프 또는 방아쇠로 작동하는 분무용기 제품, 압축 분무용기 제품(에어로졸 제품 등)의 경우에는 안전용기·포장 대상에서 제외될 수 있음을 알려드립니다.

Q234 어린이용과 일반 화장품에 탄화수소류 10퍼센트 이상 함유, 운동점도 21센티스톡스(섭씨 40도 기준) 이하인 액체제품에 해당 되는 경우 안전용기·포장을 사용해야 하는 건가요?

✓ 「화장품법」 제9조에 따라 화장품 책임판매업자는 화장품을 판매할 때에는 어린이가 화장품을 잘못 사용하여 인체에 위해를 끼치는 사고가 발생하지 아니하도록 안전용기·포장을 사용하여야 합니다.

✓ 같은법 시행규칙 제18조에서는 '어린이용 오일 등 개별포장 당 탄화수소류를 10퍼센트 이상 함유하고 운동점도가 21센티스톡스(섭씨 40도 기준) 이하인 에멀션 형태가 아닌 액체상태의 제품'등을 안전용기 포장 대상 품목으로 정하고 있습니다.

- 상기 규정의 적용대상은 어린이 오일로 한정하고 있지 않으며, 오용 등으로 인한 인체 위해를 예방하고자 하는 동 제도의 취지를 고려하여 개별포장당 탄화수소류를 10퍼센터 이상 함유하는 등 상기 범위에 해당하는 제품은 안전용기·포장을 적용하여야 함을 알려드리니 업무에 참고하시기 바랍니다.

Q235 안전용기·포장관련 규정에서 제외대상이 있나요?

✓「화장품법」제9조 및 같은 법 시행규칙 제18조에서는 어린이가 화장품을 잘못 사용하여 인체에 위해를 끼치는 사고의 발생을 예방하기 위하여 안전용기·포장 대상 품목 및 기준 등을 정하고 있습니다.

- 위 규정의 단서조항(다만, 일회용 제품, 용기 입구 부분이 펌프 또는 방아쇠로 작동되는 분무용기 제품, 압축 분무용기 제품(에어로졸 제품 등)은 제외한다)에 해당된다면 안전용기 사용에서 제외될 수 있음을 알려드립니다.
- 다만, 동 입법취지를 고려하여 사용하고자 하는 용제의 사용량, 어린이의 오용 등으로 인한 중독가능성 등을 고려하여 안전용기·포장 사용 여부를 결정하는 것이 바람직합니다.

2 표시·광고·취급

화장품의 기재사항

Q236 「화장품법 시행규칙」[별표4]4 제6호(사용기한 또는 개봉 후 사용기간) 다목 중 '개봉 후 사용기간'의 적용 사례는?

✓ 두 개 이상의 화장품을 하나의 포장으로 구성한 세트 포장의 외부 포장에 '개봉 후 사용기간'을 기재하는 경우에는 각 구성품의 개봉 후 사용할 수 있는 기간의 길고 짧음과 관계 없이 '제조일자'가 가장 오래된 제품의 개봉 후 사용기간(제조연월일 병기)만 기재·표시할 수 있습니다.

※ 예시 : A제품의 개봉 후 사용기간이 '12M(2024.9.24.)', B제품은 '24M(2025.2.7.)'인 경우 세트 포장에 하나의 개봉 후 사용기간만을 기재하려면 제조일자가 빠른 A제품의 개봉 후 사용기간인 '12M(2024.9.24.)'을 기재하여야 함

Q237 「화장품법 시행규칙」[별표4] 제6호(사용기한 또는 개봉 후 사용기간) 다목 중 '사용기한'의 적용 사례는?

✓ 두 개 이상의 화장품을 하나의 포장으로 구성한 세트 포장의 외부 포장에는 '사용기한'이 가장 빨리 이르는 제품의 사용기한만을 기재할 수 있습니다.

Q238 「화장품법 시행규칙」[별표4]제5호(제조번호) 나목 중 세트의 '통합된 제조번호'는 회수·폐기 시 어떻게 적용되는지?

✓ 세트의 구성품 중 하나 이상의 화장품에 대해 「화장품법」 제5조의2, 제23조 등에 따른 회수·폐기 명령이 있거나 자진 회수·폐기하려는 경우, 세트 포장에 개별 제품의 제조번호를 모두 기재 · 표시하였다면 해당 제조번호가 기재되어 있는 세트만 회수할 수 있습니다.

✓ 단, 개별 제품의 제조번호를 각각 기재하는 대신 '통합된 제조번호'를 기재하였다면 구성품 중 하나 이상에 대한 회수가 필요한 경우 영업자는 해당 세트에서 '통합된 제조번호'가 기재된 물품 전부를 회수

※ 예시: 삼푸 제조번호 'S-1001', 'S-1002' 중 1개와 린스 제조번호 'R-1003', 'R-1004' 중 1개를 포장하여 통합된 제조번호인 'SR-1001234'로 기재한 세트 제품에서 린스 'R-1003'의 품질 이상으로 회수할 경우 통합된 제조번호 'SR-1001234'에 해당하는 세트 전부를 회수

Q239 화장품을 1차 포장하고 2차 포장(개별포장) 그리고 3차 포장(큰상자)까지 세트포장할 때 3차 포장에도 표시사항 기재해야 하나요?

✓ 「화장품법」 제2조(정의)에서 "1차 포장"이란 화장품 제조 시 내용물과 직접 접촉하는 포장 용기를 말하며, "2차 포장"이란 1차 포장을 수용하는 1개 또는 그 이상의 포장과 보호재 및 표시의 목적으로 한 포장(첨부문서 등을 포함한다)으로 정의하고 있습니다.

- "개별 상자(2차 포장)"와 "큰 상자(3차 포장)"는 모두 2차 포장에 해당할 수 있으며, 다만, 동 법 제10조제1항에 따라 소비자 구매 시 "외부 포장"에 해당하는 포장에 표시할 수 있도록 하여야 합니다.

Q240 기능성화장품 "질병의 예방 및 치료를 위한 의약품이 아님" 문구는 어디에 표기해야 하나요?

✓ 「화장품법 시행규칙」 제19조제4항제7호에 따라 제2조제8호부터 제11호까지에 해당하는 기능성화장품의 경우에는 "질병의 예방 및 치료를 위한 의약품이 아님"이라는 문구를 기재·표시하도록 하고 있으며 「화장품법 시행규칙」 별표4의 제7호에는 제19조제4항제7호에 따른 문구는 법 제10조제1항제8호에 따라 기재·표시된 "기능성화장품" 글자 바로 아래에 "기능성화장품" 글자와 동일한 글자 크기의 이상으로 기재·표시하도록 규정하고 있습니다.

- 따라서 '기능성화장품' 글자 바로 아래에 '질병의 예방 및 치료를 위한 의약품이 아님'을 넣어주셔야 함을 알려드립니다.

Q241 소용량 제품(50mL 이하) 간소화 표시제외에 대한 세부 기준에 대해 알고 싶습니다.

✓ 「화장품법」 제10조 및 「화장품법 시행규칙」 제19조 법령을 근거하여 2024년 화장품정책 설명회 '화장품 기재·표시 기준 강화' 중 소비자 안전이 우려되는 일부 소용량 화장품에 표시 간소화 제외 대상은 10밀리리터 이하 또는 10그램 이하인 화장품 여부와 무관하게 50ml 이하의 '외음부세정제'와 '속눈썹용 퍼머넌트 웨이브' 제품입니다.

✓ 「화장품법」 개정법률(법률 제20248호, 개정 2024.2.6, 시행 2025.2.7)은 소비자가 제품 구매 시 외부에서 정보를 확인할 수 있도록 현행 법률 상의 문언을 보완한 것으로 표시·기재 제도의 본래 취지를 반영한 사항입니다.

✓ 따라서, 1차 포장에 2차 포장을 추가한 화장품의 외부 포장에도 총리령으로 정하는 바에 따라 「화장품법」 제10조에 따른 각 호의 사항을 전부 기재·표시하여야 함을 알려드리니 이해 있으시기 바랍니다.

Q242 「화장품법」 제10조제1항 단서와 시행규칙 제9조제1항에따른 내용량이 소량인 화장품의 포장이나 견본(샘플)용 화장품은 어떻게 표시하나요?

✓「화장품법」 제10조제1항은 소비자가 화장품을 구매 전에 확인할 수 있도록 제품 외부의 용기 · 포장에 기재해야 하는 상세 정보를 정하고 있으며, 제2항은 구매 후 (사용 중)에 소비자가 확인할 수 있는 정보를 정하고 있습니다.

✓ 따라서 「화장품법」(법률 제20248호, 개정일 2024.2.6., 시행일 2025.2.7.) 제10조 제1항 단서에 따라 내용량이 적은 화장품이나 증정 · 견본(샘플)용 화장품은 1차 포장만으로 구성된 화장품의 외부 포장과 1차 포장에 2차 포장을 추가한 화장품의 외부 포장에 ①화장품의 명칭, ②화장품책임판매업자 및 맞춤형화장품판매업자의 상호, ③가격, ④제조번호와 ⑤사용기한 또는 개봉 후 사용기간(개봉 후 사용기간을 기재할 경우 제조연월일을 병행 표기)을 기재하여야 합니다.

✓ 또, 1차 포장에 2차 포장을 추가한 화장품의 1차 포장에는 법 제10조제2항에 따라 ①화장품의 명칭, ②영업자의 상호, ③제조번호와 ④사용기한 또는 개봉 후 사용기간을 기재하여야 합니다.

Q243 고형 샴푸바, 린스바는 단상자에 내용량 표기할때 단일중량 또는 수분포함 및 건조후 중량으로 표기해야 하나요?

✓ 화장품에는 「화장품법」 제10조(화장품의 기재사항)에 따른 기재사항을 표시하여야 합니다.

- 이와 관련하여 같은 법 시행규칙 [별표4]에서 "내용물의 용량 또는 중량"은 화장품의 1차 포장 또는 2차 포장의 무게가 포함되지 않은 용량 또는 중량을 기재·표시하여야 하며, 화장 비누(고체 형태의 세안용 비누)의 경우에는 수분을 포함한 중량과 건조중량을 함께 기재·표시하도록 정하고 있습니다.

✓ 「화장품법」 제8조(화장품 안전기준 등)에 따른 「화장품 안전기준 등에 관한 규정」(식약처 고시) 제6조(유통화장품의 안전관리 기준)제5항에서는 내용량 기준을 제품 3개를 가지고 시험할 때 그 평균 내용량이 표기량에 대하여 97% 이상으로 정하고 있으며, 화장 비누의 경우 건조중량을 내용량으로 하고 있습니다.

✓ 해당 제품이 「화장품 사용할 때의 주의사항 및 알레르기 유발성분 표시에 관한 규정」(식약처 고시) [별표1] 1. 화장품의 유형 다목. 인체세정용 제품류의 화장비누 (고체 형태의 세안용 비누)가 아니라면 내용량의 경우 화장품의 1차 포장 또는 2차 포장의 무게가 포함되지 않은 용량(중량)을 기재·표시하여야 하고, 내용량의 기준은 제품 3개를 가지고 시험할 때 그 평균 내용량이 표기량에 대하여 97% 이상이어야 함을 알려드리니 관련 업무에 만전을 기하시기 바랍니다.

Q244 두 개 이상의 화장품을 하나의 세트로 포장하여 판매하려는 경우'의 의미는 무엇인가요?

✓ 세트 포장을 구성하는 개별 '화장품'은 그 자체가 판매의 단위가 될 수 있는 것으로 「화장품법」 제2조(정의)에 부합하여야 합니다.

✓ 일반적으로 스킨·로션 등 여행용 세트나 기초화장품 3종 세트 등이 해당할 수 있습니다.

✓ 화장품 정의에 부합하는 '화장품'으로서 그 사용 목적과 효능·효과 등을 갖기 위해 반드시 함께 사용해야 하는 제품을 하나로 포장한 것은 세트 포장으로 볼 수 없습니다.

※ 예시: 1제와 2제 각각의 용기를 하나로 포장하여 판매하는 염모제: 세트 포장 X

Q245 화장품 리필용 제품 및 포장박스에도 표시사항 준수해야 하나요?

✓ 「화장품법」 제2조 정의에는 화장품의 '1차 포장'이란 화장품 제조 시 내용물과 직접 접촉하는 포장 용기를 말하며, '2차 포장'이란 1차 포장을 수용하는 1개 또는 그 이상의 포장과 보호재 및 표시의 목적으로 한 포장(첨부문서 등을 포함한다)으로 규정하고 있습니다.

✓ 1차 포장만으로 구성되는 화장품의 외부 포장과 1차 포장에 2차 포장을 추가한 화장품의 외부 포장에는 「화장품법」 제10조제1항, 같은 법 시행규칙 제19조 및 [별표4]에서 정하고 있는 사항을 기재·표시하여야 하며,

- 같은 법 제10조제2항에는 1차 포장에 2차 포장을 추가한 화장품의 1차포장에 반드시 표시해야 하는 사항(화장품의 명칭, 영업자의 상호, 제조번호, 사용기한 또는 개봉 후 사용기간)을 규정하고 있습니다.

✓ 화장품 내용물이 들어있는 리필 제품의 경우 「화장품법」 제10조제1항, 같은 법 시행규칙 제19조에서 정하고 있는 기재사항을 제품 포장에 기재·표시하여야 함을 안내드리니 업무에 만전을 기하시기 바랍니다.

Q246 눈을 가리는 형태의 마스크팩인데 사용할 때의 주의사항 표기 어떻게 해야 하나요?

✓「화장품법」 제10조(화장품의 기재사항)제1항제9호에서는 사용할 때의 주의사항을 화장품 포장에 기재·표시하도록 규정하고 있으며,

- 「화장품법 시행규칙」 제19조제3항 관련 [별표3] 및「화장품 사용할 때의 주의사항 및 알레르기 유발성분 표시에 관한 규정」(식약처고시) [별표1] 2. 사용할 때의 주의사항에 따라 공통사항 및 그 밖에 화장품의 안전정보와 관련하여 화장품의 유형별·함유 성분별로 식품의약품안전처장이 정하여 고시하는 사항을 화장품 포장에 기재·표시하여야 합니다.

✓ 화장품 법령에서는 일반적인 팩 유형 제품에 대해「화장품 사용할 때의 주의사항 및 알레르기 유발성분 표시에 관한 규정」(식약처고시)[별표1] 1. 화장품의 유형, 카목. 기초화장용 제품류의 6) 팩, 마스크로 분류하고 있으며,

- 상기 규정에 따른 '팩'에 해당하는 제품에 대해 화장품 유형별 사용할 때의 주의사항 문구를 별도로 규정하고 있습니다.

✓ 해당 제품이 부직포, 시트 등의 원단에 화장품 성분이 묻어있어 피부에 부착하여 사용하는 '마스크팩'에 해당한다면 상기 규정에서 정하는 화장품 유형별 사용할 때의 주의사항 문구 의무 기재·표시 대상은 아니나, 그럼에도 화장품책임판매업자의 책임하에 제품의 특성을 고려하여 소비자의 안전을 위해 필요한 주의 사항을 기재·표시하여 정보를 제공하는 것이 바람직 할 것으로 사료 됨을 알려드립니다.

- 참고로, '23년도 안전성 정보 검토 결과 등을 토대로 얼굴 및 눈 주위에 사용하는 화장품의 용기 또는 포장에 '화장품이 눈에 들어갔을 때에는 물로 씻어내고, 이상이 있는 경우에는 전문의와 상담할 것' 등의 주의문구를 자발적으로 표시할 수 있도록 대한화장품협회를 통하여 업계에 협조 요청('24년8월)한 바 있습니다.

✓ 한편,「화장품법」 제13조(부당한 표시·광고 행위 등의 금지)제1항에서는 사실과 다르게 소비자를 속이거나 소비자가 잘못 인식하도록 할 우려가 있는 표시 또는 광고를 하지 못하도록 규정하고 있습니다.

- 원칙적으로 화장품의 포장에 기재·표시하여야 하는 사용할 때의 주의사항 문구는 화장품 유형에 따라 상기 규정에서 정하는 문구를 그대로 기재·표시하여야 합니다.
- 다만, 기존 문구의 해석에 영향을 주지 않는 범위 내에서 제품 특성에 따라 사용할 때의 주의사항 문구를 변경하여 기재·표시하는 것은 가능할 것으로 사료 되나, 소비자가 변경된 문구를 다른 의미로 해석하여 잘못 인식할 우려가 없도록 주의하여야 함을 알려드리니 업무에 만전을 기하시기 바랍니다.

Q247 기능성화장품 심사·보고 제품의 제품명을 맞춤형화장품판매장에서 맞춤형화장품 조제 후 판매할 때, 다르게 해도 되나요?

✓ 기능성화장품의 기재·표시 사항은 심사받거나 보고한 내용과 동일하게 기재·표시하는 것이 원칙입니다.

✓ 따라서 사전에 기능성화장품으로 심사를 받거나 보고하여 맞춤형화장품의 판매 시 제품명이 달라지는 경우 해당 제품명으로 변경심사를 받거나 보고를 취하하고 재보고 해야 합니다.

Q248 맞춤형화장품의 경우에 「화장품법」 제10조제1항에 따른 '외부 포장에 기재'는 어떻게 적용되는지?

✓ 맞춤형화장품을 판매할 때 맞춤형화장품판매업자는 소비자에게 '사용할 때의 주의사항' 등을 설명하고, 소비자가 화장품의 첨부문서에서 필요한 사항을 확인할 수 있도록 하였다면 '외부 포장에 기재'한 것으로 인정될 수 있습니다.

✓ 또한, 첨부문서는 2차 포장 안에 넣거나 스티커로 붙이는 방식으로 포장에서 빠지지 않도록 소비자에게 제공해야 합니다.

Q249 맞춤형화장품 포장 기재사항에 영업자 상호 및 주소에 맞춤형화장품 판매업자의 정보만 기재하면 되나요?

✓ 맞춤형화장품에 표기하여야 하는 영업자의 상호 및 주소는 "화장품제조업자", "화장품책임판매업자", "맞춤형화장품판매업자"를 각각 구분하여 기재하여야 합니다.

✓ 다만, 화장품제조업자, 화장품책임판매업자 또는 맞춤형화장품판매업자가 다른 영업을 함께 영위하고 있는 경우에는 한꺼번에 기재 · 표시할 수 있습니다.

Q250 e-라벨 대상제품의 모바일 정보는 언제까지 확인할 수 있나요?

✓ 화장품 용기·포장에 '사용기한'으로 표시한 제품은 사용기한 만료일 이후 1년까지, '개봉 후 사용기간'을 표시한 제품은 제조연월일 이후 4년까지 확인할 수 있습니다.

Q251 판촉 행사 등을 목적으로 개별로 판매되는 제품을 추가로 묶어 포장하는 경우 주의해야 할 사항은?

✓ 여러 개의 제품을 묶음 형태로 판매할 때도(N+1, 증정품 등) 소비자가 각각의 제품 기재·표시를 확인할 수 있어야 합니다.

✓ 따라서, 외부 포장의 기재·표시 위치에 묶음용 필름·시트가 접착제 등으로 제품에 직접 부착되거나 고정되어 기재 사항을 가리지 않도록 해야 합니다.

Q252 '25년 2월 7일 법개정과 관련하여 기존 포장재 유예기간이 있나요?

✓ 동 개정법률(법률 제20248호)의 부칙에는 동 개정법률이 시행일(25.2.7) 이후부터 제조 · 수입되는 화장품에 적용되며, 기존 포장재는 시행일 이후 1년이 되는 날까지 사용할 수 있다고 명시하고 있음을 알려드리니 참고하여 주시기 바랍니다.

Q253 병행수입 화장품도 필수표기사항 표시하여야 하나요?

✓「화장품법」 제5조 및 「화장품법 시행규칙」 제12조제9호에 따라 화장품책임판매업자는 수입할 때마다 「전자무역 촉진에 관한 법률」에 따른 전자무역문서로 표준통관예정보고를 하여야 하며,

- 이에 대해 「통합공고」(산업통상자원부 고시) 제31조에서는 최초 수입시 구비서류로 제조 및 판매증명서 등을 제출하여야 하나, 제조 및 판매증명서를 구비하지 아니하고 화장품을 병행으로 수입하고자 하는 경우에는 제조번호별로 한국의약품수출입협회에서 동일성 검사를 통해 이미 수입된 화장품과 동일함을 확인받아야 합니다.

✓ 또한, 「화장품법」 제10조, 같은 법 시행규칙 제19조 및 [별표4]에서는 화장품의 1차 포장 또는 2차 포장에 기재·표시하여야 하는 사항들을 규정하고 있으며, 법 제10조 제2항에는 제1항에도 불구하고 반드시 1차 포장에 표시해야 하는 사항(화장품의 명칭, 영업자의 상호, 제조번호, 사용기한 또는 개봉 후 사용기간)을 규정하고 있습니다.

- 이에 따라 화장품을 병행으로 수입한 경우라도 화장품책임판매업자의 책임하에 화장품 표시·기재 법령을 준수하여야 하며, 화장품 표시·기재 사항을 기재·표시한 후 국내에 유통·판매하여야 함을 알려드립니다.
- 참고로, 소비자가 해당 제품의 구매와 사용 시에 필요한 정보를 외부에서 확인할 수 있도록 화장품의 표시·기재 사항을 1차 포장만으로 구성되는 화장품의 외부 포장과, 1차 포장에 2차 포장을 추가한 화장품의 외부 포장에 기재·표시하여 정보를 제공하여야 합니다.

Q254 병행수입자도 국문라벨을 부착해서 판매해야 하나요? 어떤 내용을 라벨에 넣어야 하나요?

✓ 「화장품법」 제10조(화장품의 기재사항)제1항에서는 화장품의 포장에 기재하여야 하는 사항에 대해 규정하고 있으며, 같은 조 제2항에서는 2차 포장을 포함하고 있는 화장품의 1차 포장에 기재·표시하여야 하는 사항(화장품의 명칭, 영업자의 상호, 제조번호, 사용기한 또는 개봉 후 사용기간)에 대해 규정하고 있습니다.

- 이와 관련하여, 「화장품법」 제12조(기재·표시상의 주의)에 따라 제10조 및 제11조에 따른 기재·표시는 다른 문자 또는 문장보다 쉽게 볼 수 있는 곳에 하여야 하며, 총리령으로 정하는 바에 따라 읽기 쉽고 이해하기 쉬운 한글로 정확히 기재·표시하여야 하되, 한자 또는 외국어를 함께 기재할 수 있습니다.

✓ 또한, 「화장품법 시행규칙」 제19조(화장품 포장의 기재·표시 등)제4항제6호에서는 수입화장품인 경우에는 제조국의 명칭(「대외무역법」에 따른 원산지를 표시한 경우에는 제조국의 명칭을 생략할 수 있다), 제조회사명 및 그 소재지를 기재·표시하여야 한다고 규정하고 있으며,

- 「화장품법 시행규칙」 제19조제7항 관련 [별표4] 화장품 포장의 표시기준 및 표시방법의 제2호라목에 따라 수입화장품의 경우에는 추가로 기재·표시하는 제조국의 명칭, 제조회사명 및 그 소재지를 '국내 화장품제조업자'와 구분하여 기재·표시하여야 한다고 정하고 있습니다.

✓ 수입화장품을 국내에 유통·판매하려는 경우에는 국내 화장품 법령을 준수하여야 함에 따라 수입하는 화장품을 취급하는 화장품책임판매업자의 책임하에 관련 법령을 확인하여 해당 규정을 준수하여야 함을 알려드리니 업무에 참고하여 주시기 바랍니다.

Q255 '25년 2월 7일 법개정과 관련하여 염모제의 '사용할때의 주의사항'을 외부포장에 모두 기재해야 하나요? 수입화장품에도 적용되나요?

✓ 화장품법」 개정법률(법률 제20248호, 개정 2024.2.6, 시행 2025.2.7)의 개정 취지는 소비자가 제품 구매 시 포장을 개봉하지 않고도 사용기한 등 필요한 정보를 확인할 수 있도록 현행 법률의 문언을 보완한 것으로 표시 · 기재 제도 운영의 본래 취지를 반영한 사항임을 알려드립니다.

- 이와 관련하여 2월 7일자로 공포되어 시행된 「화장품법 시행규칙」 및 「화장품 외부 포장의 기재표시 질의·응답집」에서는 염모제 등 주의사항 기재문구가 많아 외부 포장에 기재하기 어려운 경우 공통주의사항(화장품법 시행규칙 별표3)만을 외부 포장에 기재하고 유형별, 성분별 주의사항(화장품 사용할 때의 주의사항 및 알레르기 유발성분 표시에 관한 규정 별표1)을 첨부문서에 기재할 수 있도록 하였음을 알려드립니다.
- 관련 내용은 국내 제조 또는 수입된 화장품에 공통적으로 적용됩니다.

※ 해당 규정 및 지침은 국가법령정보센터(www.law.go.kr) 〉 법령 및 우리 처 대표 누리집 (www.mfds.go.kr) 법령자료 〉 민원인 안내서 메뉴에서 확인하실 수 있습니다.

Q256 화장품 세트포장 외부포장에 구성품의 사용기한을 각각 모두 기재해도 되나요?

✓「화장품법」 제10조제1항에서는 화장품의 포장에 기재·표시하여야 하는 사항을 규정하고 있으며, 같은 조 제2항에서는 2차 포장을 포함하고 있는 화장품의 1차 포장에 기재·표시하여야 하는 사항(화장품의 명칭, 영업자의 상호, 제조번호, 사용기한 또는 개봉 후 사용기간)에 대해 규정하고 있습니다.

✓ 2025년 2월 7일자로 공포되어 시행 중인 「화장품법 시행규칙」(총리령 제2012호) [별표4] 제5호나목에서는 영업자가 세트 포장의 외부에 해당 세트를 구성하는 모든 화장품의 제조번호를 각각 기재 · 표시하거나, 세트를 구성하는 화장품 각각의 제조번호를 대체하여 통합된 제조번호를 기재·표시하는 방법 중에서 하나를 선택하여 표시할 수 있도록 정하고 있으며, 제6호다목에서는 해당 세트를 구성하는 화장품의 사용기한 중 사용기한이 가장 빨리 이르는 화장품의 사용기한만 기재·표시하고 그 밖의 화장품의 사용기한은 "사용기한 : 제품에 별도 표시(예시)" 등 기재 · 표시의 위치를 안내하는 문구를 기재 · 표시할 수 있도록 정하고 있음을 알려드립니다.

- 이와 관련하여, 「화장품 외부 포장의 기재표시 질의응답집(민원인 안내서)」에서는 세트포장의 제조번호, 사용기간의 설정 예시 등에 대해 수록하고 있음을 알려드리니 참고하여 주시기 바랍니다.

  ※ 식약처 대표 누리집(www.mfds.go.kr) → 법령/자료 → 법령정보 → 공무원지침서/민원인 안내서

✓ 상기 법령의 개정 취지는 화장품의 기재사항을 소비자가 제품을 구매하기 전 포장을 개봉하지 않고 제품 구매에 필요한 정보를 얻을 수 있도록 문언을 명확히 정비한 것으로, 두 개 이상 화장품의 추가적인 외부 포장에도 해당 화장품의 기재사항을 기재 · 표시하여야 하나, 다만 제조번호 및 사용기한은 상기 민원인안내서에 따른 방법으로 선택할 수 있는 사항이며, 따라서 각각의 사용기한을 모두 기재할 수 있음을 알려드리니 참고하시기 바랍니다.

Q257 화장품 세트포장 1차 용기에 바코드가 있으면 2차포장에 바코드 없어도 되나요?

✓ 화장품에는 「화장품법 시행규칙」 제19조(화장품 포장의 기재·표시 등) 제4항제1호에 따라 식품의약품안전처장이 고시하는 바코드를 기재·표시하도록 규정하고 있습니다.

✓ '바코드' 표시와 관련하여 「화장품 바코드 표시 및 관리요령」(식약처 고시) 제6조(바코드 표시)제1항에서 화장품책임판매업자 등은 화장품 품목별·포장단위별로 개개의 용기 또는 포장에 제5조(바코드의 종류 및 구성체계 등)의 규정에 의한 바코드 심벌을 표시하도록 정하고 있습니다.

✓ 아울러, 바코드의 경우 포장단위별로 개개의 용기 또는 포장에 바코드를 표시하여야 합니다.

Q258 화장품법 개정('25.2.7)전 이미 생산완료된 세트제품에 대한 유예기간이 있나요?

✓ 「화장품법」 제10조(화장품의 기재사항)에서는 화장품의 포장에 기재·표시하여야 하는 사항을 규정하고 있으며,

- 동 조 제1항제5호 및 제6호에 따라 제조번호 및 사용기한 또는 개봉 후 사용기간을 화장품 포장에 기재·표시하여야 합니다.

✓ 「화장품법」 개정법률(법률 제20248호, 개정 2024.2.6, 시행 2025.2.7.)에 따라 화장품의 외부 포장에는 총리령으로 정하는 바에 따라 「화장품법」 제10조(화장품의 기재사항)제1항에서 정하는 각 호의 사항을 기재·표시하여야 합니다.

✓ 아울러, 동 개정법률의 부칙 제2조(화장품의 기재사항에 관한 적용례)에 따라 시행일(2025년 2월 7일) 이후부터 제조 또는 수입되는 품목부터 적용하며, 제3조(화장품의 기재사항에 관한 경과조치)에 따라 기존 포장재는 시행일인 2025년 2월 7일 이후 1년이 되는 날까지 사용할 수 있다고 명시하고 있음을 알려드립니다.

- 이는, 시행일 이전에 개정 전 규정으로 기재·표시가 완료된 기존 포장재 사용이 가능하다는 것임을 알려드리니 업무에 참고하여 주시기 바랍니다.

Q259 세트로 포장한 제품에서 '외부 포장에 기재·표시'는 어떻게 적용되나요?

✓ 두 개 이상의 화장품을 하나의 세트로 포장 시 해당 세트 포장은 「화장품법」 제2조(정의)에 따라 "2차 포장"에 해당하므로 「화장품법」 제10조제1항에 따라 모든 기재 사항을 외부에서 확인할 수 있도록 기재하여야 합니다.

✓ 단, 여러 개의 화장품을 하나로 포장한 뒤, 별도로 표시해야 하는 '제조번호' 및 '사용기한(또는 개봉 후 사용기간)'에 대해서는 부분적으로 예외를 적용할 수 있습니다.

Q260 「화장품법 시행규칙」[별표4] 제5호(제조번호) 나목 중 세트의 '통합된 제조번호'는 어떤 방법으로 기재해야 하나요?

✓ '통합된 제조번호'란 세트 포장의 외부 포장에는 해당 세트를 구성하는 개별 화장품 각각의 제조번호를 대신해 세트 제품을 대표할 수 있도록 별도로 생성한 하나의 제조번호에 해당합니다.

✓ 세트 제품의 '통합된 제조번호'는 각각의 제품에 대하여 부여한 제조번호와 다르게 영업자가 자체적으로 수립한 원칙에 따라 자율적으로 부여할 수 있습니다.

※ 통합된 제조번호 설정 예시 : 개별 제품의 이력 추적이 가능하도록 설정하는 것이 바람직하며, 세트의 포장일, 사용기한, 제품명 등 정보가 포함되도록 설정하는 것도 가능

※ 제조번호(뱃치번호)는 일정한 제조단위분에 대하여 제조관리 및 출하에 관한 모든 사항을 확인하기 위하여 부여하는 번호로 공정별 생산 단위 등의 기준을 두어 관리하고 있으나, 영업자는 타 제품(또는 제조번호)과 함께 포장되는 세트 제품에 대해서 자체 관리체계 등을 고려하여 자율적 기준(기간 · 제품 등)을 정해 개별 제품의 1차 포장에 기재한 제조번호와 별도로 포장 단계에서 통합된 제조번호를 부여하여 품질 및 안전관리 업무에 활용 가능

Q261 화장품법 개정에따른 세트포장의 경우 제조번호 및 사용기한 표기 방법 궁금합니다.

✓「화장품법」 제10조(화장품의 기재사항)에서는 화장품의 포장에 기재·표시하여야 하는 사항을 규정하고 있으며,

- 동 조 제1항제5호 및 제6호에 따라 제조번호 및 사용기한 또는 개봉 후 사용기간을 화장품 포장에 기재·표시하여야 합니다.

✓ 소비자가 제품 구매 시 외부에서 정보를 확인할 수 있도록 현행 법률 상의 문언을 보완하여「화장품법」 개정법률(법률 제20248호, 개정 2024.2.6, 시행 2025.2.7.)이 개정되었으며, 화장품의 외부 포장에는 총리령으로 정하는 바에 따라「화장품법」 제10조(화장품의 기재사항)제1항에서 정하는 각 호의 사항을 기재·표시하여야 합니다.

- 이와 관련하여,「화장품법 시행규칙」 일부개정령(총리령 제2012호, 2025.2.7.) [별표4] 제5호나목에 따라 두 개 이상의 화장품을 하나의 세트로 포장하여 판매하려는 경우 해당 세트의 외부 포장에는 세트를 구성하는 모든 화장품의 제조번호를 각각 외부 포장에 기재·표시하거나, 세트를 구성하는 화장품 각각의 제조번호를 대체하여 통합된 제조번호를 기재·표시할 수 있다고 규정하고 있으며,

- 동 규칙 일부개정령 [별표 4]제6호다목에 따라 세트를 구성하는 화장품의 사용기한 중 사용기한이 가장 빨리 이르는 화장품의 사용기한만 기재·표시하고, 그 밖의 화장품의 사용기한은 "사용기한: 제품에 별도 표시"(예시)와 같이 기재·표시의 위치를 안내하는 문구를 기재·표시할 수 있다고 규정하고 있습니다.

✓ 두 개 이상의 화장품을 하나의 세트로 판매하려는 경우라면, 제조번호는 상기에 따라 두 가지 방법 중 선택하여 해당 세트 포장의 외부 포장에 기재·표시 하실 수 있으며,

- 세트 구성품 중 소용량 제품에 대하여도 「화장품법 시행규칙」 제19조(화장품 포장의 기재·표시 등)에 따라 제조번호 및 사용기한은 필수 기재 사항이므로 상기 답변 나목에 따른 방법으로 세트 포장의 외부 포장에 기재·표시하여야 함을 알려드리니 업무에 만전을 기하시기 바랍니다.

✓ 아울러, 화장품의 외부 포장의 기재·표시 원칙, 적용 예시 및 세트 포장의 기재 방법 등의 구체적인 사항에 대해서는 「화장품 외부 포장의 기재·표시 질의·응답집」(민원인 안내서)을 통해 확인하실 수 있으며,

- 식약처 대표누리집(http://mfds.go.kr) → 법령/자료 → 법령정보 →공무원지침서 /민원인 안내서 → 민원인 안내서에 게시하였으니 업무에 참고하여 주시기 바랍니다.

Q262 수입화장품 1차포장에도 한글 표시 해야 하나요?

✓ 화장품 포장에는 「화장품법」 제10조(화장품의 기재사항)에 따른 기재사항을 표시하여야 하며, 제2항에는 제1항 각 호 외의 부분 본문에도 불구하고 반드시 1차 포장에 표시해야 하는 사항(화장품의 명칭, 영업자의 상호, 제조번호, 사용기한 또는 개봉 후 사용기한)을 규정하고 있습니다.

✓ 「화장품법」 제12조(기재·표시상의 주의)에 따라 제10조 및 제11조에 따른 기재·표시는 다른 문자 또는 문장보다 쉽게 볼 수 있는 곳에 하여야 하며, 읽기 쉽고 이해하기 쉬운 한글로 정확히 기재·표시하여야 하되 외국어를 함께 기재할 수 있습니다.

✓ 수입화장품의 국문표시와 관련하여, 법 제10조제2항에서 정하는 사항은 반드시 1차 포장에 한글로 기재·표시하여야 함을 알려드립니다.

Q263 수입화장품 세트상품 국내 유통시 비닐포장 개봉 후 낱개로 국문 표시사항을 스티커 부착하여 유통 및 판매 가능한가요?

✓ 「화장품법」 제10조제1항, 같은 법 시행규칙 제19조 및 [별표4]에서 정하고 있는 기재사항을 화장품의 1차 포장 또는 2차 포장에 기재·표시하여야 하며, 제2항에는 제1항에도 불구하고 반드시 1차 포장에 표시해야 하는 사항(화장품의 명칭, 영업자의 상호, 제조번호, 사용기한 또는 개봉 후 사용기간)을 규정하고 있습니다.

✓ 「화장품법」 제12조에서는 제10조 및 제11조에 따른 기재·표시는 다른 문자 또는 문장보다 쉽게 볼 수 있는 곳에 하여야 하며, 읽기 쉽고 이해하기 쉬운 한글로 정확히 기재·표시하여야 하되, 한자 또는 외국어를 함께 기재할 수 있음을 알려드립니다.

✓ 「화장품법」 제16조에서는 화장품의 포장 및 기재·표시 사항을 훼손 또는 위조·변조한 제품을 판매하거나 판매할 목적으로 보관 또는 진열하는 것을 금지하고 있습니다.

✓ 따라서, 비닐포장을 뜯은 후 국문스티커를 부착 후 재포장하는 것은 상기 규정에 저촉될 수 있음을 알려드립니다.

✓ 수입화장품의 국문라벨 부착과 관련해서는 화장품의 표시·기재는 원제조원에서 실시하는 것이 원칙이며, 포장 등의 훼손 우려 등을 고려하여 수출국으로부터 국문라벨 작업 후 수입하는 것이 적절할 것으로 판단됩니다.

✓ 다만, 수입단계에서 해당 작업이 어려운 경우 책임판매업자의 책임하에 국문표시를 할 수 있음을 알려드리며,

✓ 화장품법에서 국문라벨 부착 방법 등에 대해서는 별도로 규정하고 있지 않으나, 「화장품법」 제5조 및 같은 법 시행규칙 제12조에서 정하고 있는 화장품책임판매업자의 준수사항에 따라 수입화장품을 수입한 책임판매업자의 책임 하에 유통·판매되어야 함을 알려드리니 업무에 만전을 기하여 주시기 바랍니다.

Q264 수입화장품에 국내법상 허용되는 기재·표시사항으로 수정하여 라벨 부착하여 판매 가능한가요?

✓ 「화장품법」 제13조에서는 '부당한 표시·광고 행위 등의 금지'에 대해 정하고 있으며, 같은 법 시행규칙 제22조(표시·광고의 범위 등) 관련 [별표5]에서는 '화장품 표시·광고의 범위 및 준수사항'에 대하여 정하고 있습니다.

✓ 「화장품 표시·광고 관리 지침」에서는 화장품의 용기·포장 또는 첨부문서의 표시 또는 광고에 사용되는 금지표현의 예시 등을 정하고 있으며, 수입화장품의 외국어로 표현된 표시 또는 광고에 대하여 이 지침에 적합하도록 하기 위하여 수정, 삭제, 오버레이블링(over-labelling) 등의 적절한 방법을 사용할 수 있도록 정하고 있습니다.

✓ 수입화장품의 외국어로 표현된 표시 또는 광고에 대하여 오버레이블링 등을 통해 상기 규정에 적합하도록 표시·기재할 수 있으며, 이 경우 유통과정에서 스티커 등이 훼손되거나 떨어지지 않도록 각별히 주의하시기 바랍니다.

Q265 수입 화장품을 벌크로 수입하여 국내에서 소분, 충진, 포장하는데 벌크에 대한 원산지 표기 해야하나요?

✓ 「화장품법 시행규칙」[별표5]제2항라목에서 외국제품을 국내제품으로 국내제품을 외국제품으로 잘못 인식할 우려가 있는 표시·광고를 하지 말도록 규정하고 있습니다.

✓ 현행 화장품 법령에서는 '원산지' 의무 표기에 대해 별도로 규정하고 있지 않으나, 해외에서 제조된 벌크제품(반제품)을 수입하여 국내 화장품 제조시설에서 충전·포장이 완료된 제품은 '국내 제조 화장품'으로 분류하고 있음에 따라 해당 제품의 원산지를 기재·표시할 경우 소비자가 국내 화장품을 수입화장품으로 잘못 인식할 우려가 없도록 각별히 주의하여 주시기 바랍니다.

Q266 수입화장품의 사용기한 표시가 월(영문), 년도(숫자) 형태로 기재되어 있는데 동일한 형태로 표시기재하는 것이 문제가 되나요?

✓「화장품법」 제10조제1항제6호 및 제2항제4호에 따라 화장품의 포장에는 사용기한 또는 개봉 후 사용기간을 기재·표시하여야 하며, 개봉 후 사용기간을 기재할 경우에는 제조연월일을 병행 표기하여야 합니다.

✓「화장품법 시행규칙」 제19조제7항 관련 [별표4]에서는 화장품의 사용기한 또는 개봉 후 사용기간 기재·표시 방법에 대하여 정하고 있습니다.

- 사용기한은 "사용기한" 또는 "까지" 등의 문자와 "연월일"을 소비자가 알기 쉽도록 기재 · 표시해야 하며 다만, "연월"로 표시하는 경우 사용기한을 넘지 않는 범위에서 기재 · 표시해야 하도록 규정하고 있습니다.(예) "사용기한 2024년 12월 31일" 또는 " 2024년 12월 31일 까지"
- 또한 개봉 후 사용기간은 "개봉 후 사용기간"이라는 문자와 "00월" 또는 "00개월"을 조합하여 기재·표시하거나, 개봉 후 사용기간을 나타내는 심벌과 기간을 기재·표시할 수 있습니다. (예) "개봉 후 사용기간 12월", 또는 " 개봉 후 사용기간 12개월"
- 따라서 사용기한은 상기 규정에 따라 표시하여야 함을 알려드립니다.

Q267 화장품법 시행규칙 일부개정('25.2.7.)과 관련하여 사용할 때의 주의사항이나 세트포장 기재사항 수입화장품도 해당되나요?

✓ 「화장품법」 개정법률(법률 제20248호, 개정 2024.2.6, 시행 2025.2.7)의 개정 취지는 소비자가 제품 구매 시 포장을 개봉하지 않고도 사용기한 등 필요한 정보를 확인할 수 있도록 현행 법률의 문언을 보완한 것으로 표시 · 기재 제도 운영의 본래 취지를 반영한 사항임을 알려드립니다.

✓ 관련하여 2월 7일자로 공포되어 시행된 「화장품법 시행규칙」에서는 염모제 등 주의사항 기재문구가 많아 외부 포장에 기재하기 어려운 경우 유형별, 성분별 주의사항을 첨부문서에 기재할 수 있도록 하였으며 관련 내용은 국내 제조 또는 수입된 화장품에 공통적으로 적용되는 것임을 알려드립니다.

- 동 개정법률(법률 제20248호)의 부칙에는 동 개정법률이 시행일 이후부터 제조 · 수입되는 화장품에 적용되며, 기존 포장재는 시행일인 2025년 2월 7일 이후 1년이 되는 날까지 사용할 수 있다고 명시하고 있음을 알려드리니 참고하여 주시기 바랍니다.

Q268 수입 화장품에 제조국가 표기 시 '원산지 별도'로 표기 해야 하나요?

✓ 화장품 포장에는「화장품법」제10조에서 정하고 있는 기재사항을 화장품의 1차 포장 또는 2차 포장에 기재·표시하여야 합니다.

- 또한, 같은 법 시행규칙 제19조제4항제6호에 따라 수입화장품인 경우에는 제조국의 명칭(「대외무역법」에 따른 원산지를 표시한 경우에는 제조국의 명칭을 생략할 수 있다), 제조회사명 및 그 소재지를 기재·표시하도록 규정하고 있습니다.
- '원산지 별도' 표기는 필수 기재사항이 아니며, 수입화장품인 경우에는 상기 기재사항을 소비자가 잘 보이는 곳에 표시하여야 함을 알려드립니다.

Q269 수입화장품 2차포장에 제조원(수입처) 정보 기재해야 하나요?

✓ 화장품에는 「화장품법」 제10조(화장품의 기재사항)에 따른 기재사항을 표시하여야 하며, 제2항에는 제1항에도 불구하고 반드시 1차 포장에 표시해야 하는 사항(화장품의 명칭, 영업자의 상호, 제조번호, 사용기한 또는 개봉 후 사용기간)을 규정하고 있습니다.

- 또한, 같은 법 시행규칙 제19조제4항제6호에 따라 수입화장품인 경우에는 제조국의 명칭(「대외무역법」에 따른 원산지를 표시한 경우에는 제조국의 명칭을 생략할 수 있다), 제조회사명 및 그 소재지를 기재·표시하도록 규정하고 있습니다.

✓ 「화장품법」 제12조(기재·표시상의 주의)에 따라 제10조 및 제11조에 따른 기재·표시는 다른 문자 또는 문장보다 쉽게 볼 수 있는 곳에 하여야 하며, 읽기 쉽고 이해하기 쉬운 한글로 정확히 기재·표시하여야 하되 외국어를 함께 기재할 수 있습니다.

✓ 수입화장품의 제조회사명 및 소재지 등은 실제 해당 제품을 제조한 곳을 기준으로 소비자가 읽기 쉽고 이해하기 쉽게 기재하는 것이 바람직할 것으로 사료됨을 알려드립니다.

Q270 수입화장품의 제조원은 위탁제조원의 상호 및 주소를 기재하면 되나요?

✓ 화장품 포장에는 「화장품법」 제10조제1항에서 정하고 있는 기재사항을 화장품의 1차 포장 또는 2차 포장에 기재·표시하여야 합니다.

- 또한, 같은 법 시행규칙 제19조제4항제6호에 따라 수입화장품인 경우에는 제조국의 명칭(「대외무역법」에 따른 원산지를 표시한 경우에는 제조국의 명칭을 생략할 수 있다), 제조회사명 및 그 소재지를 기재·표시하도록 규정하고 있습니다.

✓ 따라서, 수입화장품의 제조회사명은 실제 해당 제품을 제조한 곳을 기준으로 기재하시기 바랍니다.

- 참고로, 「우수화장품 제조 및 품질관리기준」(식약처 고시) 제2조제2호에서 "제조"란 원료 물질의 칭량부터 혼합, 충전(1차포장), 2차포장 및 표시 등의 일련의 작업으로 정하고 있으니 이점 참고하시기 바랍니다.

Q271 제품명에 성분명(마누카꿀)이 포함되서 성분 함량 표시하는데 그외 성분도 함량 표기해야 하나요?

✓「화장품법」 제10조(화장품 기재사항)제1항제3호에서는 해당 화장품 제조에 사용된 모든 성분(인체에 무해한 소량 함유 성분 등 총리령으로 정하는 성분은 제외한다)을 화장품 포장에 기재·표시하여야 한다고 규정하고 있으며,

- 「화장품법 시행규칙」 제19조(화장품 포장의 기재·표시 등)제4항제3호에서는 성분명을 제품 명칭의 일부로 사용한 경우 그 성분명과 함량(방향용 제품은 제외한다)을 기재·표시하여야 한다고 규정하고 있습니다.

✓ 또한, 「화장품법 시행규칙」 제21조(기재·표시상의 주의사항)에서는 법 제12조에 따른 화장품 포장의 기재·표시는 한글로 읽기 쉽도록 기재·표시하여야 하며, 화장품의 성분을 표시하는 경우에는 표준화된 일반명을 사용하도록 규정하고 있습니다.

- 이와 관련하여, 표준화된 일반명은 '식약처 의약품안전나라' 및 '대한화장품협회 성분사전'에서 확인하실 수 있으며,
- 성분명(마누카꿀)이 화장품 성분사전에 등재되지 않았을 경우, 대한화장품협회에 성분명 표준화를 신청하여 성분 사전에 등재한 후 표준화된 명칭을 사용하실 수 있으며, 화장품 성분사전 등재에 관련된 사항은 대한화장품협회로 문의하여 도움을 받으실 수 있음을 알려드립니다.

✓ 아울러, 현행 화장품 법령에서는 화장품 제조에 사용된 모든 성분의 함량에 대한 기재·표시를 의무로 규정하고 있지 않습니다.

- 다만, 상기 규정에 따라 성분명을 제품 명칭의 일부로 사용한 경우에는 해당 성분의 함량을 화장품 포장에 기재·표시하도록 규정하고 있으므로 화장품책임판매업자의 책임하에 관련 법령을 검토하여 화장품 기재·표시 규정을 준수하여야 함을 알려드리니 관련 업무에 만전을 기하시기 바랍니다.

Q272 수입화장품의 영문 기재사항을 한글표시사항 스티커로 전부 가려도 되나요?

✓「화장품법」 제10조(화장품의 기재사항)제1항, 같은 법 시행규칙 제19조(화장품 포장의 기재·표시 등) 및 [별표4]에서 정하고 있는 기재사항을 화장품의 1차 포장 또는 2차 포장에 기재·표시하여야 하며, 제2항에는 제1항에도 불구하고 반드시 1차 포장에 표시해야 하는 사항(화장품의 명칭, 영업자의 상호, 제조번호, 사용기한 또는 개봉 후 사용기간)을 규정하고 있습니다.

✓「화장품법」 제12조(기재·표시상의 주의)에서는 제10조 및 제11조(화장품의 가격표시)에 따른 기재·표시는 다른 문자 또는 문장보다 쉽게 볼 수 있는 곳에 하여야 하며, 읽기 쉽고 이해하기 쉬운 한글로 정확히 기재·표시하여야 하되, 한자 또는 외국어를 함께 기재할 수 있음을 알려드립니다.

✓ 수입화장품의 국문 기재·표시는 포장 등의 훼손 우려를 고려하여 원제조원에서 국문 기재·표시 작업 후 수입하는 것이 원칙이며, 제품 판매 전에 국문 표시·기재가 완료되어야 함을 알려드립니다.

- 다만 수입단계에서 어려운 경우 화장품책임판매업자의 책임 하에 국문표시를 할 수 있을 것으로 사료되나, 유통과정에서 스티커 등이 훼손되거나 떨어지지 않도록 주의하여야 함을 알려드립니다.
- 아울러 화장품법령에서는 국문 기재·표시사항의 위치에 대해 별도로 규정하고 있지 않음을 알려드리며, 상기 규정에 따라 기재·표시는 읽기 쉽고 이해하기 쉬운 한글로 정확히 기재·표시하여야 하며, 한자 또는 외국어를 함께 기재할 수 있음을 알려드리니 참고하시기 바랍니다.

Q273 수출과 국내용 병행판매 제품으로 해외 기준에 맞춰 국내용 판매 제품에 사용기한을 일/월/연 순서로 표기해도 되는지요?

✓「화장품법」 제10조제1항제6호 및 제2항제4호에 따라 화장품의 포장에는 사용기한 또는 개봉 후 사용기간을 기재·표시하여야 하며, 개봉 후 사용기간을 기재할 경우에는 제조연월일을 병행 표기하여야 합니다.

✓「화장품법 시행규칙」 제19조제7항에 따른 [별표4]에서는 화장품의 사용기한 또는 개봉 후 사용기간 기재·표시 방법에 대하여 정하고 있습니다.

- 해당 별표에서는 사용기한은 "사용기한" 또는 "까지" 등의 문자와 함께 해당 연도와 월, 일에 대하여 "연월일"의 순서로 소비자가 알기 쉽도록 기재 · 표시하도록 규정하고 있음을 알려드립니다.

✓ 해당 규정을 위반할 경우 법 제38조에 따라 200만원 이하의 벌금 또는 같은 법 제24조에 따라 업무정지 등의 처분을 받을 수 있으니 참고하시기 바랍니다.

Q274 호텔등 숙박업소에 비치하는 샴푸 등 세정 제품에도 화장품법에 따라 기재표시해야 하나요?

✓「화장품법」 제10조제1항, 같은 법 시행규칙 제19조 및 [별표4]에서 정하고 있는 기재사항을 화장품의 1차 포장 또는 2차 포장에 기재·표시하여야 하며, 제2항에는 제1항에도 불구하고 반드시 1차 포장에 표시해야 하는 사항(화장품의 명칭, 영업자의 상호, 제조번호, 사용기한 또는 개봉 후 사용기간)을 규정하고 있습니다.

✓「화장품법」 제12조(기재·표시상의 주의)에 따라 제10조 및 제11조에 따른 표시·기재는 다른 문자 또는 문장보다 쉽게 볼 수 있는 곳에 표시·기재하도록 정하고 있습니다.

- 상기 법령의 취지를 고려할 때 화장품의 표시·기재는 소비자들이 해당 제품을 확인하고 사용에 필요한 정보를 미리 확인할 수 있도록 하는 것이 바람직할 것으로 판단되며, 1차 포장에 표시 면적이 확보되는 경우에는 소비자가 해당 제품을 확인할 수 있도록 기재사항을 표시하는 것이 바람직할 것으로 사료됨을 알려드립니다.

Q275 호텔 등 숙박업소 비치제품의 카톤(아웃박스)에도 전성분 등 표시·기재 의무사항 인가요?

✓ 「화장품법」 제10조제1항에서는 1차 포장만으로 구성되는 화장품의 외부 포장과 1차 포장에 2차 포장을 추가한 화장품의 외부 포장에 기재·표시하여야 하는 사항을 정하고 있으며, 제2항에서는 1차 포장에 2차 포장을 추가한 화장품의 1차 포장에 표시해야 하는 사항(화장품의 명칭, 영업자의 상호, 제조번호, 사용기한 또는 개봉 후 사용기간)을 규정하고 있습니다.

✓ 또한, 「화장품법」 제12조(기재·표시상의 주의)에서는 제10조 및 제11조에 따른 표시·기재는 다른 문자 또는 문장보다 쉽게 볼 수 있는 곳에 표시·기재하도록 정하고 있습니다.

✓ '카톤(아웃박스)'의 정확한 의미를 알 수 없으나, 원칙적으로 화장품 외부 포장에는 상기 법령에 따른 모든 기재사항을 기재하여야 합니다.

✓ 다만, 소비자 편의를 위한 운반·배송 목적으로만 포장하는 경우라면, 해당 포장 기재 의무사항을 유연하게 적용할 수 있을 것으로 사료됨을 알려드립니다.

Q276 호텔 등 숙박업소 납품제품의 카톤(아웃박스)에 화장품 전성분, 사용할때의 주의사항 등 표시사항을 라벨로 부착해도 되나요?

✓ 「화장품법」 제2조(정의)에서 "1차 포장"이란 화장품 제조 시 내용물과 직접 접촉하는 포장용기로 규정하고 있고, "2차 포장"이란 1차 포장을 수용하는 1개 또는 그 이상의 포장과 보호재 및 표시의 목적으로 한 포장으로 규정하고 있습니다.

✓ 「화장품법」 제10조제1항에서는 1차 포장만으로 구성되는 화장품의 외부 포장과 1차 포장에 2차 포장을 추가한 화장품의 외부 포장에 기재·표시하여야 하는 사항을 정하고 있으며, 제2항에서는 1차 포장에 2차 포장을 추가한 화장품의 1차 포장에 표시해야 하는 사항(화장품의 명칭, 영업자의 상호, 제조번호, 사용기한 또는 개봉 후 사용기간)을 규정하고 있습니다.

✓ 또한, 「화장품법」 제12조(기재·표시상의 주의)에서는 제10조 및 제11조에 따른 표시·기재는 다른 문자 또는 문장보다 쉽게 볼 수 있는 곳에 표시·기재하도록 정하고 있습니다.

✓ '카톤(아웃박스)'의 정확한 의미를 알 수 없으나, 원칙적으로 화장품 외부 포장에는 상기 법령에 따른 모든 사항을 기재하여야 합니다.

✓ 참고로, 화장품의 기재사항은 제조 시 기재·표시가 완료되어야 하며, 외부 포장에 추가 기재, 수정 등을 위해 라벨(스티커 등)을 부착하는 경우 유통과정에 훼손되거나 떨어지지 않도록 각별히 유의하여야 합니다.

Q277 화장품 원료로 에센셜오일을 넣는 경우 향료라고 표기해야 하나요?

✓「화장품법」 제10조1항제3호에 따라 화장품에는 해당 화장품 제조에 사용된 모든 성분(인체에 무해한 소량 함유 성분 등 총리령으로 정하는 성분은 제외한다)을 제품의 1차 또는 2차 포장에 기재·표시하여야 합니다.

✓ 또한「화장품법 시행규칙」 제19조 관련 [별표4]에 따라 착향제는 "향료"로 표시할 수 있으나 착향제의 구성 성분 중 식품의약품안전처장이 정하여 고시한 알레르기 유발성분이 있는 경우에는 향료로 표시할 수 없고, 해당 성분의 명칭을 기재·표시하도록 규정하고 있습니다.

✓ 착향제의 알레르기 유발물질 성분 표기 의무화는 알레르기에 민감한 소비자가 쉽게 확인하고 제품 선택에 참고하기 위한 취지이며, 해당 원료가 착향의 목적으로 사용된 경우에는 알레르기 유발성분을 표시·기재하여야 합니다.

✓ 이 성분이 착향제가 아닌 다른 배합목적으로 해당 성분을 사용하였다면 화장품 제조에 사용된 모든 성분을 표시하여야 함을 알려드립니다.

Q278 염모제 1제와 2제 각각의 용기를 하나로 포장하여 판매할 경우 세트포장에 해당하나요?

✓ 2025년 2월 7일자로 공포되어 시행 중인 「화장품법 시행규칙」(총리령 제2012호) [별표4] 제5호나목 및 제6호다목에서는 제조번호 및 사용기한 기재 · 표시 및 기재 · 표시의 위치를 안내하는 문구를 기재 · 표시할 수 있도록 정하고 있음을 알려드리며, 「화장품 외부 포장의 기재표시 질의응답집(민원인 안내서)」에서는 세트포장의 제조번호, 사용기간의 설정 예시 등에 대해 수록하고 있음을 알려드리니 참고하여 주시기 바랍니다.

※ 식약처 대표 누리집(www.mfds.go.kr) → 법령/자료 → 법령정보 → 공무원지침서/민원인 안내서

✓ 해당 제품(염모제)이 하나의 기능성화장품으로 심사(또는 보고)하여 하나의 제조번호와 사용기한으로 관리(단, 1제 및 2제 각각 추적가능하도록 관리)하는 경우 이를 1차 및 2차 용기에 각각 기재 · 표시하는 것이 바람직 하고,

- 다만, 1제 및 2제에 각각 사용기한과 제조번호를 별도로 관리하는 경우 이를 1차 용기에 기재 · 표시할 수 있으며, 이 경우 상기 '세트포장' 기재 · 표시 방법을 준용하여 2차 용기에 모두 기재하거나, 통합된 제조번호와 가장 빨리 이르는 사용기한을 기재 · 표시할 수 있음을 알려드리니 업무에 참고하시기 바랍니다.

Q279 염모제(탈염·탈색 포함)와 제모제는 '사용할 때의 주의사항'을 어떻게 기재하는 것이 일반적인가요?

✓ 염모제(탈염 · 탈색 포함), 제모제의 경우, 2차 포장에는 공통주의사항만 기재할 수 있습니다.

☞ 이 경우 유형별로 고시된 염모제, 탈염 · 탈색제 및 제모제의 '사용할 때의 주의사항'은 첨부문서에 기재하여 2차 포장의 안쪽에 넣는 등의 방법을 활용할 수 있습니다.

Q280 화장품법 개정에 따라 외음부세정제 소용량제품인데 전성분, 사용할 때의 주의사항까지 모두 기재해야 하는데 공간이 부족하면 어떻게 하나요?

✓「화장품법 시행규칙」 일부개정령(총리령 제1970호, 2024.7.9. 개정, 2025.7.10. 시행) 및「화장품 사용할 때의 주의사항 및 알레르기 유발성분 표시에 관한 규정」 제2조(기재·표시 간소화 제외 대상) 개정으로 인체 세정용 제품류중 5)외음부세정제가 "소비자가 사용할 때 특별한 주의가 필요하다고 식품의약품안전처장이 정하여 고시하는 화장품"으로 지정됨에 따라 개정 법령 시행일(2025.7.10.)부터 용량에 상관없이 전성분과 사용할 때의 주의사항 등「화장품법」 제10조제1항에서 정하는 각 호의 모든 사항을 기재·표시하여야 합니다.

✓ 따라서, 상기 일부개정고시는 내용물의 용량이 소량(규칙 제19조제1항제1호 및 같은 조 제2항제3호)이더라도 소비자가 사용할 때 특별한 주의가 필요하다고 정한 화장품의 용기·포장에 기재의무를 강화함에 따라 외음부세정제의 포장이 1차 포장만으로 구성되었다면, 개정 법령 시행일부터 해당 제품의 용량과 상관없이 법 제10조제1항에서 정하는 모든 기재 사항을 해당 제품의 1차 포장에 기재·표시하여야 함을 알려드리니 업무에 만전을 기하시기 바랍니다.

Q281 화장품법 개정에따라 외음부세정제 소용량제품일 경우 전성분, 사용할 때의 주의사항만 추가로 기재하면 되나요?

✓「화장품법」 제10조(화장품의 기재사항), 같은 법 시행규칙 제19조(화장품 포장의 기재·표시 등) 및「화장품 사용할 때의 주의사항 및 알레르기 유발성분 표시에 관한 규정」 제2조(기재·표시 간소화 제외 대상) 개정으로 외음부세정제 및 속눈썹용 퍼머넌트웨이브가 "소비자가 사용할 때 특별한 주의가 필요하다고 식품의약품안전처장이 정하여 고시하는 화장품"으로 지정됨에 따라 개정 법령 시행일(2025. 7. 10.)부터 상기 유형의 화장품은 용량에 상관없이「화장품법」 제10조(화장품의 기재사항)에 따른 기재사항을 모두 표시하여야 함을 알려드리며,

- 상기 법령의 개정 취지는 일반 소비자를 보호하고 현행 제도를 보완하기 위함임을 고려할 때, 화장품 영업자는 개정 법령 시행에 따른 외음부세정제 제품의 표시를 기재함에 있어 각별히 유의하시기 바랍니다.

Q282 화장품 사용기한 및 제조번호 "별도표기"라는 문구가 법적 의무 기재 사항인가요?

✓「화장품법」 제10조(화장품의 기재사항), 같은 법 시행규칙 제19조(화장품 포장의 기재·표시 등)에 따라 '제조번호' 및 '사용기한'은 반드시 1차포장에 기재·표시하여야 하는 사항으로 정하고 있으며,

- 아울러 화장품법에서는 '별도표기' 관련 기재·표시 의무사항을 별도로 규정하고 있지 않으나 화장품의 기재·표시 사항은 소비자들이 구매 시 확인할 수 있도록 쉽게 볼 수 있는 곳에 표시하여야 하는 바, 1차, 2차 포장에서 '제조번호' 및 '사용기한'을 쉽게 확인하여 볼 수 있도록 '별도표기' 등을 통해 안내하는 것이 적절할 것으로 사료됨을 알려드립니다.

Q283 화장품 제조번호 및 사용기한을 스티커로 부착해도 되나요?

✓「화장품법」 제10조(화장품의 기재사항)제1항제5호, 제6호에 따라 1차 포장만으로 구성되는 화장품의 외부 포장과 1차 포장에 2차 포장을 추가한 화장품의 외부 포장에는 제조번호 및 사용기한 또는 개봉 후 사용기간을 기재·표시하여야 합니다.

✓ 화장품 2차 포장에 제조번호 및 사용기한을 오버레이블링 형태(스티커)로 덧대어 부착할 경우,

- 유통 과정 중 훼손, 위·변조 우려 및 법 제15조제9호에 따라 금지하고 있는 '사용기한 또는 개봉 후 사용기간을 위조·변조한 화장품'으로 오인될 우려가 있어 적절하지 않음을 알려드립니다.

Q284 화장품 제조공정이 2곳에서 이루어졌을 경우 기재 또는 생략 제조사는 공정 비중이 높은 곳을 필수적으로 넣어야 되는 건가요?

✓「화장품법」 제10조에서는 화장품의 1차 포장 또는 2차 포장에 기재·표시하여야 하는 사항에 대하여 규정하고 있으며, 「화장품법 시행규칙」 제19조제6항 관련 [별표4] 제2항 다목에서는 화장품 영업자의 상호 및 주소에 대하여, 공정별로 2개 이상의 제조소에서 생산된 화장품의 경우에는 일부 공정을 수탁한 화장품제조업자의 상호 및 주소의 기재·표시를 생략할 수 있도록 정하고 있습니다.

- 제조공정이 2개 이상의 제조소에서 이루어질 경우 모두 기재하는 것이 원칙이나, 제품 포장의 단면적이 협소한 등의 이유로 제조업자의 기재·표시를 일부 생략하고자 한다면 화장품 제조업자 계약관계에서 위·수탁 관계를 확인하여 진행하여 주시고 아울러 주요 공정(벌크제조 등)을 수행한 화장품제조업자를 기재하는 것이 바람직할 것으로 사료됨을 알려드립니다.

Q285 화장품 벌크(반제품 형태)를 수입하여 단순 충진 및 포장하여 국내에 유통하면 제품 제조업체는 어디인가요?

✓「화장품법」 제2조제10호에서는 "화장품제조업"이란 화장품의 전부 또는 일부를 제조(2차 포장 또는 표시만의 공정은 제외)하는 영업으로 정하고 있으며,「우수화장품 제조 및 품질관리기준」(식약처 고시) 제2조제2호에서는 "제조"란 원료 물질의 칭량부터 혼합, 충전(1차포장), 2차포장 및 표시 등의 일련의 작업으로 정하고 있습니다.

- 벌크제품을 해외로부터 수입하여 국내에서 충진 및 포장을 하려는 경우 해당 작업은 상기 규정에 의거 '화장품제조업자'가 실시하여야 하며,「화장품법」 제10조에 따른 기재·표시사항 중 화장품제조업자는 내용물을 충진·포장한 국내 화장품제조업자를 기재하여야 함을 알려드립니다.

Q286 화장품 제조업체에 위탁생산으로 반제품을 납품 받아 당사에서 충진·포장 후 유통하는 경우 제조업체를 어디로 기재해야 하나요?

✓「화장품법」 제2조에서는 "화장품제조업"이란 화장품의 전부 또는 일부를 제조(2차 포장 또는 표시만의 공정은 제외한다)하는 영업으로, 또한「우수화장품 제조 및 품질관리기준」(식약처고시)에는 "제조"를 원료 물질의 칭량부터 혼합, 충전(1차포장), 2차포장 및 표시 등의 일련의 작업으로 규정하고 있습니다.

✓「화장품법」 제10조제1항, 같은 법 시행규칙 제19조 및 [별표4]에서는 화장품의 1차 포장 또는 2차 포장에 기재·표시하여야 하는 사항에 대하여 정하고 있으며, 같은 법 제10조제2항에는 같은 법 제10조제1항에도 불구하고 반드시 1차 포장에 표시해야 하는 사항(화장품의 명칭, 영업자의 상호, 제조번호, 사용기한 또는 개봉 후 사용기간)을 규정하고 있습니다.

- 「화장품법」 제10조에 따라 화장품의 1차 또는 2차 포장에는 영업자의 상호 및 주소를 기재·표시 하여야 하며, 동법 시행규칙 제19조 관련 [별표4] 2. 다목에서는 공정별로 2개 이상의 제조소에서 생산된 화장품의 경우에는 일부 공정을 수탁한 화장품제조업자의 상호 및 주소의 기재·표시를 생략할 수 있도록 정하고 있습니다.

✓ 상기 규정에 부합하는 '제조' 공정별로 2개 이상의 제조소에서 생산된 화장품의 경우 해당 제조업자의 상호를 모두 기재하여야 하나, 일부 공정을 수탁한 화장품제조업자의 상호를 생략할 수 있음을 알려드리며, 이는 일반화장품 또는 기능성화장품에 따라 다르게 적용되는 사항은 아님을 알려드리니 참고하시기 바랍니다.

Q287 병풀추출물을 함유한 제품명이 '시카 로션'일 경우 '병풀추출물'에 대한 함량을 기재해야 하나요?

✓ 「화장품법」 제10조 및 같은 법 시행규칙 제19조제4항3호에 따라 성분명을 제품 명칭의 일부로 사용한 경우, 그 성분명과 함량(방향용 제품은 제외함)을 기재하도록 규정하고 있습니다.

- '시카'를 제품명의 일부로 사용한 경우 원료의 직접적 명칭이 아니더라도 소비자들이 '시카'와 관련된 성분 등이 포함되어 있다고 인지할 수 있는 바, '시카'와 관련된 모든 성분과 함량을 기재·표시하여야 함을 알려드립니다.

Q288 화장품 제품명에 성분명 사용시 해당 성분 소량(0.02%) 함유시에도 함량을 기재·표시해야 하나요?

✓ 화장품법」 제10조(화장품의 기재사항) 및 같은 법 시행규칙 제19조제4항3호(화장품 포장의 기재·표시 등)에 따라 성분명을 제품 명칭의 일부로 사용한 경우 그 성분명과 함량(방향용 제품은 제외함)을 기재하도록 규정하고 있습니다.

- 화장품 제품 명칭에 성분명을 사용하기 위한 최소 함량을 정하고 있지 않으며, 소량 함유된 경우에도 상기 규정에 따라 표시·기재하여야 함을 알려드립니다.

✓ 아울러 「화장품법」 제12조(기재·표시상의 주의)에 따라 제10조 및 제11조에 따른 표시·기재는 다른 문자 또는 문장보다 쉽게 볼 수 있는 곳에 표시·기재하도록 정하고 있습니다.

- 따라서, 소비자가 해당 제품을 확인하고 사용에 필요한 정보를 미리 확인할 수 있도록 쉽게 볼 수 있는 곳에 표시·기재하여야 함을 알려드립니다.

Q289 화장품 제품명을 표시할 때 국문명과 영문명이 달라도 되나요? 국내용과 수출전용 제품의 경우도 궁금합니다.

✓ 「화장품법」 제10조제1항, 같은 법 시행규칙 제19조 및 [별표4]에서 정하고 있는 기재사항을 화장품의 1차 포장 또는 2차 포장에 기재·표시하여야 하며,

- 「화장품법」 제12조 및 같은 법 시행규칙 제21조에 따라 제10조 및 제11조에 따른 표시·기재는 다른 문자 또는 문장보다 쉽게 볼 수 있는 곳에 하여야 하며, 읽기 쉽고 이해하기 쉬운 한글로 정확히 기재·표시하여야 하되, 외국어를 함께 기재할 수 있습니다.
- '국문 제품명'은 해당 영문 제품명의 의미를 그대로 사용하는 것이 적절함을 알려드리니 이해 있으시기 바라며,
- 아울러 국내에서 판매되지 아니하고 수출만을 목적으로 하는 제품은 「화장품법」 제30조에 따라 제4조, 제8조부터 제12조까지, 제14조, 제15조제1호 · 제5호, 제16조제1항제2호 · 제3호 및 같은 조 제2항을 적용하지 아니하고 수입국의 규정에 따를 수 있음을 알려드리니 해당 예외적용 규정에 대해서는 별도로 확인하여 주시기 바랍니다.

Q290 제품명에 플러스(+) 표시 가능한가요?

✓ 「화장품 표시·광고 관리 지침」 [별표1]에서는 질병을 진단·치료·경감·처치 또는 예방, 의학적 효능·효과 관련 표현을 금지표현으로 안내하고 있습니다.

✓ 화장품의 표시·광고 위반 여부는 화장품으로서의 효능이 있고 없음에 관계없이 명칭, 표시된 사용목적, 효능·효과, 용법·용량, 판매할 때의 선전 또는 설명 등을 보통의 주의력을 가진 일반 소비자가 당해 표시·광고 등 받아들이는 전체적·궁극적 인상을 기준으로 종합적으로 판단하고 있습니다.

✓ '플러스' 또는 '+' 등의 의미를 정확히 알 수는 없으나, 해당 문구, 이미지 등을 포함하여 광고 종합적으로 검토했을 때 일반 소비자가 의약품으로 잘못 인식할 우려가 있거나 화장품의 범위를 벗어나는 광고 등으로 받아들이는 경우 화장품법에 저촉됨을 알려드리니 화장품 표시·광고 시 각별히 주의하여 주시기 바랍니다.

Q291 화장품 전성분에 '유칼립투스잎추출물, 로즈마리잎추출물, 페퍼민트잎추출물'이 포함된 경우 제품명에 '허브'라고 표시하면 해당 성분 함량을 기재해야 하나요?

✓ 「화장품법」 제10조에 따라 화장품의 1차 포장 또는 2차 포장에는 해당 화장품 제조에 사용된 모든 성분(인체에 무해한 소량 함유 성분 등 총리령으로 정하는성분은 제외)을 기재·표시 하여야 하며, 성분명을 제품 명칭의 일부로 사용한 경우 그 성분명과 함량을 기재하도록 규정하고 있습니다.

- 화장품 표시·광고의 소비자 오인 우려 여부는 전문가가 아닌 보통의 주의력을 가진 일반 소비자가 당해 광고를 받아들이는 전체적·궁극적 인상을 기준으로 판단해야 한다는 판례(대법원 2003.2.28 선고 2002두 6180판결)가 있음을 알려드립니다.
- 따라서, 제품에 포함되어 있는 특정 성분들을 총칭하거나, 제품의 성분적 특성을 나타내는 의미로서, 성분의 명칭을 제품명에 사용하는 경우에는 소비자가 해당 성분이 제품에 포함되어 있다고 인지할 수 있으므로 해당 성분의 함량을 기재하여야 할 것으로 판단됨을 알려드리니 참고하시기 바랍니다.

Q292 닥풀꽃추출물' 성분을 사용하여 화장품을 제조하고자 할 때, 닥풀꽃 학명인 히비스커스를 제품명의 일부로 사용할 수 있나요?

✓「화장품법」 제10조에 따라 화장품의 1차 포장 또는 2차 포장에는 해당 화장품 제조에 사용된 모든 성분(인체에 무해한 소량 함유 성분 등 총리령으로 정하는성분은 제외)을 기재·표시 하여야 하며, 성분명을 제품 명칭의 일부로 사용한 경우 그 성분명과 함량을 기재하도록 규정하고 있습니다.

- 제품명 '히비스커스' 기재·표시만으로 화장품법 위반사항으로 판단하기 어려우나, 해당 제품명 사용시 성분명인 '닥풀꽃추출물'을 의미하는 명칭으로 사료되는 바, 상기 규정에 따라 해당 성분(닥풀꽃추출물)의 함량을 기재하여야 함을 알려드리니 관련 업무에 참고하시기 바랍니다.

Q293 화장품 포장재에 필수 기재사항인 상호명을 식약처에 등록된 주식회사 OOOO를 줄여서 (주)OOOO로 포장재에 표기해도 되나요?

✓「화장품법」 제10조에서는 '영업자의 상호'를 포함한 화장품의 1차 포장 또는 2차 포장에 기재·표시하여야 하는 사항을 정하고 있으며, 같은 법 시행규칙 제19조 및 [별표4] 제2호에서는 영업자의 주소는 등록필증에 적힌 소재지 또는 반품·교환 업무를 대표하는 소재지를 기재·표시하도록 정하고 있습니다.

- 영업자의 상호는 소비자 오인우려 등을 감안할 때 업 등록필증 또는 신고필증에 적힌 상호명을 기재하는 것이 바람직할 것으로 사료됨을 알려드립니다.

Q294 사용할 때의 주의사항은 어떻게 작성하나요?

✓「화장품법 시행규칙」[별표3] 중 '공통사항'을 반드시 기재하고 제품 유형별, 함유 성분별 주의사항을「화장품 사용할 때의 주의사항 및 알레르기 유발성분 표시에 관한 규정」[별표1]에 따라 작성하여야 합니다.

Q295 「화장품법」 제10조제1항에서 '외부 포장'에 기재·표시한 것으로 간주될 수 있는 사례는?

✓ 외부 포장의 전부가 투명하거나, 일부의 면이 투명 또는 개방된 형태로 제작되어 소비자가 2차 포장 등의 외부 포장을 개봉하지 않고도「화장품법」제10조제1항의 정보를 확인할 수 있다면 외부 포장에 기재·표시한 것으로 인정될 수 있습니다.

✓ 따라서 불투명하거나 반투명한 도안·글씨 등이 해당 투명 포장 위에 기재되거나, 외부 포장의 굴곡으로 인해 굴절되는 등 법 제10조제1항에서 정하고 있는 모든 기재사항을 확인하기 어려운 경우는 기재하지 않은 것으로 간주될 수 있습니다.

Q296 화장품 향료에 알러젠 포함된 제품 전성분 표시·기재 어떻게 해야 하나요?

✓「화장품법」시행규칙 [별표4](화장품 포장의 표시기준 및 표시방법)에 따라 착향제는 "향료"로 표시할 수 있으나 착향제의 구성 성분 중 식품의약품안전처장이 정하여 고시한 알레르기 유발성분이 있는 경우에는 향료로 표시할 수 없고, 해당 성분의 명칭을 기재·표시하도록 규정하고 있습니다.

- 「화장품 향료 중 알레르기 유발물질 표시 지침」에서 표시·기재 관련 세부 지침을 정하고 있으니 참고하시기 바랍니다.

  ※ 해당 지침은 우리 처 홈페이지(http://mfds.go.kr) '법령/자료 → 자료실 → 안내서/지침'에서 확인할 수 있습니다.

Q297 매장에서 화장비누를 별도의 포장 없이 진열하여 판매하고 있습니다. 표시기재 사항을 어떻게 해야 하나요?

✓ 포장 없이 진열되어 판매되는 화장비누의 경우 소비자에게 화장품법에서 정한 의무 표시기재 사항이 전달될 수 있도록 스티커, 브로슈어, 첨부문서(인서트 페이퍼) 등 다양한 방법으로 표시기재 하시기 바랍니다.

Q298 화장비누 포장에 바코드는 어떻게 표시해야 하나요?

✓ 화장품의 바코드 표시방법은 식약처 고시 「화장품 바코드 표시 및 관리요령」과 대한상공회의소 유통물류진흥원(www.gs1kr.org)을 통해 확인하시기 바랍니다.

Q299 화장비누의 혼합원료 원료목록보고나 전성분 표기를 어떻게 해야 하나요?

✓ 원료 공급자로부터 혼합원료에 대한 조성 정보를 제공받아 화장품 법령에 적합하게 기재·표시하여야 합니다.

- 화장품 책임판매업자는 제품에 대한 품질과 안전에 대한 책임이 있으므로, 해당 제품에 사용하는 원료 등에 대한 정보를 반드시 확인하여야 하며, 「화장품법 시행규칙」 [별표4]에서 혼합원료는 혼합된 개별 성분의 명칭으로 기재하도록 하고 있으므로, 화장품 책임판매업자는 원료공급업자로부터 혼합원료의 조성을 확인하여 개별 성분명으로 원료목록보고 및 전성분을 표기해야 할것입니다.

Q300 화장비누 전성분 표기에 원료로 사용한 식품의 상품명(요구르트, 우유, 고구마 분말 가루 등)을 기재할 수 있나요?

✓ 화장품의 성분명을 기재하는 경우에는 표준화된 일반명을 기재하도록 규정하고 있습니다.

✓ 이에 따라, 사용한 원료의 '화장품 표준 성분명'을 반드시 확인하여 전성분에 기재하시기 바랍니다.

※ [참고] 화장품 표준 성분명은 대한화장품협회가 운영하는 화장품성분사전(www.kcia.or.kr/cid)에서 확인할 수 있습니다.

Q301 시판 비누베이스을 녹여 ○○추출물 또는 에센셜 오일 등을 혼합하여 화장비누를 반드는 경우, 전성분 표시를 어떻게 기재하여야 하나요?

✓ 「화장품법 시행규칙」 [별표4]에서 혼합원료는 혼합된 개별 성분의 명칭으로 기재하도록 하고 있습니다.

- 따라서 비누베이스를 녹인 후 추가로 혼합하는 원료 뿐 아니라, 비누베이스에 이미 혼합되어 있는 색소, 향료, 기타 첨가물 등도 별도로 구분하여 성분을 표시하여야 합니다.

✓ 비누화반응을 거치는 성분은 비누화반응에 따른 생성물로 기재·표시하여야 합니다.

- 따라서 출발물질(예: 유지 또는 지방산)을 명시하거나 비누화반응 결과물질(최종 제품(비누)에 남아있는 성분)을 명시하여야 합니다.

Q302 화장품 e-라벨 시범사업의 의미는 무엇인가요?

✓ e-라벨 시범사업은 소비자가 화장품을 구매하고 사용하는 데 있어서 제품의 용기에 적힌 기재사항을 쉽게 읽을 수 있고, 모바일로 상세한 정보를 확인할 수 있도록 하여 소비자의 이용 환경을 개선하는 데에 의미가 있습니다.

✓ 또한, e-라벨 사업은 포장 또는 표시에 사용되는 자원의 사용을 감소시키므로 환경적 측면에서도 장점이 있습니다.

✓ 기존 기재 · 표시 사항은 e-라벨을 통해 전부 제공되므로, e-라벨을 꼼꼼히 확인하여 제품 구매 · 선택에 활용하시기를 바랍니다.

Q303 소비자가 e-라벨 시범사업 제품임을 어떻게 알 수 있나요?

✓ 화장품 판매장 또는 온라인 구매사이트에서 “식품의약품안전처 화장품 e-라벨 시범사업 대상 제품입니다.”라는 문구와 “스마트폰으로 QR코드를 스캔하여 보다 상세한 정보를 확인하세요.” 등의 내용으로 확인할 수 있습니다.

* QR 코드는 포장에 직접 인쇄 또는 스티커로 부착하여 제공되며, (사)대한화장품협회 홈페이지(www.kcia.or.kr)의 ‘공지사항’란에서 확인 가능

Q304 e-라벨 대상 제품의 용기·포장에는 어떤 정보가 기재되어 있나요?

✓ 화장품의 용기·포장에 반드시 표시되어야 하는 항목은 ① 화장품의 명칭. ② 영업자의 상호 ③ 내용물의 용량 또는 중량 ④ 제조번호 ⑤ 사용기한 또는 개봉 후 사용기간 ⑥ 식품의약품안전처장이 정하는 바코드 등입니다.

* 기능성화장품의 경우 글자 또는 도안 표시

※ 기존에는 ① 화장품의 명칭 ② 영업자의 상호 및 주소 ③ 해당 화장품 제조에 사용된 모든 성분 ④ 내용물의 용량 또는 중량 ⑤ 제조번호 ⑥ 사용기한 또는 개봉 후 사용기간 ⑦ 가격 ⑧ 기능성화장품 표시 ⑨ 사용할 때의 주의사항 ⑩ 그 밖에 총리령으로 정하는 사항 전부를 표시해야 했습니다.

Q305 e-라벨에는 어떤 정보가 포함되나요?

✓ e-라벨에는 『화장품법』에서 정한 모든 표시정보(전성분, 사용시 주의사항 등)가 포함되어 있습니다. 그리고 기존 제품에서 첨부문서로 제공하거나 분량이 많아 첨부문서에서도 확인할 수 없었던 다양한 정보*들을 확인하실 수 있습니다.

* 보관방법, 제품의 품질 특성 등 추가적인 정보가 포함되며, 참고로 제조번호, 사용기한 등 일부는 "용기 참조" 등으로 표시될 수 있음

Q306 e-라벨 제품이 리뉴얼 되어 전성분 정보가 달라진 경우 e-라벨로 확인이 가능한가요?

✓ 기존에 제공되던 정보와 새롭게 변경된 신규 정보 모두 모바일로 소비자에게 제공됩니다.

Q307 시범사업 제품의 포장지가 훼손되어 QR코드가 제대로 인식되지 않을 때는 어떻게 해야 하나요?

✓ 화장품책임판매업자가 제품 출시 전에 자체적으로 여러 번의 시험을 거쳐 QR 코드가 제대로 인식되는지 확인합니다.

✓ 다만, 유통과정에서 불가피하게 훼손되어 코드 인식이 어려운 상황이라면 제품 용기에 표시된 소비자상담실 전화번호로 전화해 궁금한 사항을 문의하여 안내받으실 수 있습니다.

Q308 통신 불가·오류의 문제로 QR코드의 정보를 확인하기 어려울 때는 어떻게 해야 하나요?

✓ 소비자상담실 등으로 전화해서 다른 정보를 안내받으실 수 있습니다.

✓ 일시적 시스템 오류 문제는 영업일 기준 3일 이내 복구할 예정이며, 복구가 어려운 경우, 화장품책임판매업자는 해당 내용을 식품의약품안전처에 보고하고 조치계획을 마련하도록 운영할 예정입니다.

표시·광고 내용의 실증 등

Q309 함량 표현 없이 'USDA인증 유기농오일을 함유했다.'라는 문구 사용 가능한가요?

✓ 천연화장품 및 유기농화장품의 정부 인증 제도를 폐지하고 민간 자율로 운영할 수 있도록 함에 따라 「천연화장품 및 유기농화장품 표시·광고 안내서」(대한화장품협회)에 따른 기준을 충족하고 이를 실증할 수 있는 경우 '천연화장품' 또는 '유기농화장품'으로 표시·광고 가능함을 알려드립니다.

✓ 상기 안내서에 따른 천연화장품 또는 유기농화장품 정의 기준에 적합하지 않은 경우에는 일부 특정 원료가 천연(유래) 또는 유기농(유래) 원료라고 하더라도 이를 천연(유래) 또는 유기농(유래) 원료라고 표시·광고할 수 없으며,

- 상기 안내서에 따른 천연화장품 또는 유기농화장품 정의 기준에 적합한 경우라면 실증자료 구비 및 해당 원료의 함량 표시·기재와 함께 천연화장품 또는 유기농화장품으로 표시·광고 가능함을 알려드립니다.

Q310 화장품 표시광고시 "고농축~원료 몇% 함유" 등 표현 사용 가능한가요?

✓ 「화장품법」 제14조(표시·광고 내용의 실증 등)에 따라 영업자 및 판매자는 자기가 행한 표시·광고 중 사실과 관련한 사항에 대하여 이를 실증하도록 규정하고 있으며, 「화장품 표시·광고 실증에 관한 규정」(식약처고시)에서는 실증자료, 시험결과의 요건 등을 정하고 있습니다.

- 동 고시 제3조(실증자료)에서 실증자료는 객관적이고 과학적인 절차와 방법에 따라 작성된 것이어야 하며, 실증자료의 내용은 광고에서 주장하는 내용과 '직접적인' 관계가 있어야 한다고 정하고 있습니다.
- 아울러 '실증자료'는 동 고시 제4조(시험결과의 요건) 및 제5조(조사결과의 요건)에 충족하여야 함을 알려드립니다.

✓ '고농축'의 의미에 대해 구체적으로 알 수는 없으나, 상기 규정에 따른 실증자료를 구비하여 해당 자료범위 내에서 광고가 가능할 것으로 사료되며, 실증자료는 상기 「화장품 표시·광고 실증에 관한 규정」에 따라 작성된 것이어야 함을 알려드립니다.

- 한편 실증자료 유무와 무관하게 해당 표현을 포함하여 광고 전반적으로 검토했을 때 일반 소비자가 배타성을 띤 표현 또는 사실과 다르거나 소비자가 오인할 우려가 있는 광고 등으로 받아들여지는 경우 화장품법에 저촉될 수 있어 화장품 표시·광고 시 각별히 주의하여야 함을 알려드리니 업무에 착오 없으시기 바랍니다.

Q311 '니들, 피부재생, 피부속까지 들어간다', '기존의 화장품과 다르다' 이런 내용은 다 과장된 문구·광고인가요?

✓ 「화장품법 시행규칙」 [별표5] 제2호에서는 경쟁상품과 비교하는 표시·광고는 비교대상 및 기준을 분명히 밝히고 객관적으로 확인될 수 있는 사항만을 표시·광고하여야 하고, 품질·효능 등에 관하여 객관적으로 확인될 수 없거나 확인되지 않았는데도 불구하고 이를 광고하거나 법 제2조제1호에 따른 화장품의 범위를 벗어나는 표시·광고를 금지하고 있습니다.

✓ 부당한 표시·광고 여부는 보통의 주의력을 가진 일반소비자가 당해 표시·광고 등 받아들이는 전체적·궁극적 인상을 기준으로 종합적으로 판단하고 있어 '피부속까지 들어간다, 기존의 화장품과 다르다' 등 문구 사용만으로 위반 으로 판단하기는 어려우나 제품 사용방법을 사실과 다르거나 오인할 수 있는 표현(예: 바늘, 니들, 마이크로니들. 미세침, MTS)은 「화장품 표시·광고 관리 지침」에서 금지표현으로 지정하고 있음을 알려드립니다.

- 광고 내용을 전체적으로 보아 일반소비자가 사실 유무와 관계없이 다른 제품을 비방한다고 의심되거나 의학적 효능·효과 등으로 잘못 인식할 경우라면 「화장품법」 제13조(부당한 표시·광고 행위 등의 금지)에 저촉될 수 있음을 알려드리니 관련 업무에 만전을 기하시기 바랍니다.

Q312 화장품 광고 시 "해당 제품은 동물실험을 실시 하지 않은 제품입니다"라고 광고에 사용해도 되나요?

✓「화장품법 시행규칙」 [별표5] 화장품 표시·광고의 범위 및 준수사항 제2호사목에서는 사실과 다르거나 부분적으로 사실이라고 하더라도 전체적으로 보아 소비자가 잘못 인식할 우려가 있는 표시·광고를 하지 말도록 규정하고 있습니다.

✓「화장품법」 제15조의2(동물실험을 실시한 화장품 등의 유통판매 금지)에 따라 화장품책임판매업자 및 맞춤형화장품판매업자는 「실험동물에 관한 법률」 제2조제1호에 따른 동물실험을 실시한 화장품 또는 동물실험을 실시한 화장품 원료를 사용하여 제조(위탁제조를 포함한다) 또는 수입한 화장품을 유통·판매하여서는 안된다고 규정하고 있습니다.

✓ 이와 관련하여, 동물실험을 실시하지 않았다는 마크 또는 문구를 화장품 광고에 사용하는 경우 일반 소비자가 해당 제품이 아닌 타사의 다른 제품들에 대해 동물실험을 했다거나, 동물실험과 관련 있을 것으로 오인할 우려가 있으므로 동물실험을 실시하지 않았다는 광고 문구는 적절하지 않음을 알려드립니다.

Q313 헤어케어제품 표시·광고할때 실증자료만 구비되면 '두피 탄력, 보습, 치밀도'관련 표현 가능한가요?

✓ 「화장품 표시·광고 관리 지침」 [별표2]에서는 '안티에이징' 표현에 대하여 주요 실증대상으로 정하고 있습니다.

- 주름, 탄력, 치밀도 등 실증자료 구비 항목을 별도로 정하고 있지 않으며, 상기 규정에 충족한 실증자료 범위 내에서 광고 가능함을 알려드립니다.
- 다만, 이 경우에도 자료 유무와 무관하게 전체적으로 보아 해당 광고가 두피에 탄력을 주거나 탈모 증상의 완화에 도움을 주는 기능성화장품 등으로 잘못 인식할 경우 「화장품법」 제13조(부당한 표시·광고 행위 등의 금지)에 저촉될 수 있습니다.

Q314 복합식물추출물로 나노리포좀화한 'OO-리포좀'으로특허받은 성분인데 리포좀이라는 표현을 사용할 수 없나요?

✓ 「화장품 표시·광고 관리 지침」 [별표1]에서 줄기세포 관련 표현으로 '인체 세포·조직 배양액' 기원표현 및 줄기세포가 들어있는 것으로 오인할 수 있는 표현(다만, 식물 줄기세포 함유 화장품의 경우에는 제외)을 금지표현으로 정하고 있고, 인체에서 유래한 특정성분(엑소좀, 리포좀 등)이 들어 있는 것으로 오인할 수 있는 표현' 역시 금지표현임을 명확화하기 위하여 지침 개정 검토 중에 있음을 알려드립니다.

✓ '복합식물추출물을 나노리포좀화한 특허 성분'의 정확한 의미를 알 수 없으나, 인체에서 유래한 특정성분(엑소좀, 리포좀 등)이 들어있는 것으로 오인할 수 있는 표현은 화장품 표시·광고 금지 표현에 해당하며, 다만 '식물 등 인체 외에서 유래한 특정성분(엑소좀, 리포좀 등)' 광고표현 경우에는 사용 가능할 것으로 사료됨을 알려드립니다.

Q315 맞춤형화장품이 아닌 화장품에 '맞춤형' 관련 표현 (예:Customized 등) 을 사용할 수 있나요?

✓ 「화장품법」 제13조에 따라 소비자가 오인할 우려가 있는 표시 또는 광고를 하지 않도록 규정하고 있습니다. 따라서 '맞춤형' 관련 표현(예: Customized 등)이 소비자로 하여금 해당 제품이 「화장품법」 제2조3의2에 따른 '맞춤형화장품'이라는 오인을 하게 할 우려가 없다면 사용할 수 있을 것으로 판단됩니다.

Q316 맞춤형화장품에 기능성화장품 표시·광고가 가능한가요?

✓ 맞춤형화장품판매업자에게 내용물 등을 공급하는 화장품책임판매업자가 사전에 「화장품법」 제4조에 따라 사전에 해당 원료를 포함하여 기능성화장품 심사를 받거나 보고서를 제출한 경우에는 기 심사(또는 보고) 받은 조합·함량 범위 내에서 조제된 맞춤형화장품에 대하여 기능성화장품으로 표시·광고할 수 있습니다.

Q317 일반화장품에 모공과 탄력에 대한 표현 가능하가요?

✓ 「화장품법」 제14조에 따라 영업자 및 판매자는 자기가 행한 표시·광고 중 사실과 관련한 사항에 대하여는 이를 실증하도록 규정하고 있으며, 「화장품 표시·광고 실증에 관한 규정」에서는 실증자료 및 시험결과의 요건 등을 정하고 있습니다.

- 실증은 완제품을 대상으로 실시하여야 하며, 실증한 경우에도 실증의 범위 내에서 화장품의 범위를 벗어나거나 기능성화장품의 효능·효과 등으로 오인될 우려가 없도록 주의하여야 합니다.

✓ 현행 화장품법령상 '모공'과 관련한 표시광고 기준 및 시험방법 등은 마련되어 있지 않으나,

- '모공 수축' 등 표현의 경우, 상기 규정에 적합한 실증자료를 구비한 경우에는 소구할 수 있습니다.
- 다만, 화장품 사용으로 인해 모공 크기의 일시적 축소, 수축현상 등은 나타날 수 있으나, 모공의 구조적/전반적 변화 등은 화장품이 표방할 수 있는 효능·효과에 해당하지 않으며,
- 실증자료를 구비하였더라도 화장품 효능·효과의 범위를 벗어나 소비자가 오인할 우려가 있어 적절하지 않다고 판단됩니다.

✓ 또한, '피부 탄력개선' 표현은 기능성화장품이 아닌 경우에도 「화장품 표시·광고 실증을 위한 시험방법 가이드라인」에 따라 실증하여 소구할 수 있으나,

- 「화장품법 시행규칙」 [별표 5]에서 부분적으로 사실이라고 하더라도 전체적으로 보아 소비자가 잘못 인식할 우려가 있는 표시 또는 광고 및 품질·효능 등에 관하여 객관적으로 확인될 수 없거나 법 제2조제1호에 따른 화장품의 범위를 벗어나는 표시·광고 등을 금지하고 있는 바,
- '모공'을 적용 부위로 탄력개선 등 표현을 소구하는 것은 적절하지 않을 것으로 판단됨을 알려드립니다.

Q318 제품명에 등록된 상표 '닥터' 문구 사용 가능한가요?

✓ 「화장품법 시행규칙」 [별표5]제2호 가목에서는 의약품으로 잘못 인식할 우려가 있는 내용, 제품의 명칭 및 효능·효과 등에 대한 표시·광고를 하지 말도록 하고 있으며, 아목에서는 법제2조제1호에 따른 화장품의 범위를 벗어나는 표시·광고를 하지 말도록 규정하고 있습니다.

✓ 아울러, 화장품의 부당한 표시·광고 여부는 화장품으로서의 효능이 있고 없음에 관계없이 명칭, 표시된 사용목적, 효능·효과, 용법·용량, 판매할 때의 선전 또는 설명 등을 보통의 주의력을 가진 일반 소비자가 당해 표시·광고를 받아들이는 전체적·궁극적 인상을 기준으로 종합적으로 판단하고 있습니다.

- 브랜드명(Dr, 닥터, 메디, Medi)을 사용했다는 자체만으로 화장품법 위반사항으로 판단할 수 없으며 브랜드 명칭에 대해 해당 브랜드에서 판매되는 모든 제품의 광고와 관련 있는 것으로 일반소비자들이 이해할 수 있음을 고려하여야 합니다.
- 따라서, 해당 브랜드의 화장품 판매 광고 등을 전체적으로 검토하였을 때 일반소비자가 브랜드 명칭과 연관되어 의약품 등으로 잘못 인식할 우려가 있다고 판단되는 경우, 화장품법 관련 위반사항으로 볼 수 있음을 알려드리니 업무에 참고하여 주시기 바랍니다.

Q319 화장품 브랜드명에 외국 도시명 사용이 가능한가요?

✓「화장품법 시행규칙」 제22조(표시·광고의 범위 등)에 따른 [별표5]에서는 국내제품을 외국제품으로 잘못 인식할 우려가 있는 표시·광고를 금지하고 있습니다.

✓ 부당한 표시·광고 여부는 보통의 주의력을 가진 일반소비자가 당해 표시·광고 등 받아들이는 전체적·궁극적 인상을 기준으로 종합적으로 판단하고 있는바,

- '000 뉴욕 등' 표현이 전체적으로 보아 해당 광고를 통해 해당 제품이 외국제품으로 소비자가 잘못 인식할 경우 「화장품법」제13조(부당한 표시·광고 행위 등의 금지)에 저촉될 수 있음을 알려드립니다.

Q320 화장품 브랜드명으로 CELL과 Reborn 두가지 단어 사용가능한가요?

✓「화장품 표시·광고 관리 지침」 [별표1]에서는 인체 유래 성분 관련 표현으로 '인체에서 유래한 줄기세포가 들어 있는 것으로 오인할 수 있는 표현(줄기세포화장품, stem cell 등)', 생리활성 관련 표현으로 '세포 활력(증가), 활성화' 표현을 금지표현으로 정하고 있습니다.

✓ 부당한 표시·광고 여부는 보통의 주의력을 가진 일반소비자가 당해 표시·광고 등 받아들이는 전체적·궁극적 인상을 기준으로 종합적으로 판단하고 있으며,

- 'CELL과 Reborn'에 대해 명확히 알 수 없으나, 전체적으로 보아 해당 제품이 의학적 효능·효과로 소비자가 오인할 경우 「화장품법」 제13조(부당한 표시·광고 행위 등의 금지)에 저촉될 수 있음을 알려드립니다.

Q321 살리실산이 함유된 일반화장품에 '각질 관리에 도움을 준다'는 광고 표현 가능한가요?

✓ 「화장품법」 제8조(화장품 안전기준 등)에 따른 「화장품 안전기준 등에 관한 규정」(식약처 고시) [별표1]과 [별표2]에서 각각 화장품에 사용할 수 없는 원료와 사용상의 제한이 필요한 원료를 정하고 있으며, 그 외의 원료에 대해서는 책임판매업자의 안전성에 대한 책임 하에 사용토록 하는 네거티브 제도를 도입하여 운영하고 있습니다.

- 특정 물질을 화장품 원료로 사용하기 위해서는 상기 제도의 취지에 맞도록 해당 원료에 대한 충분한 검토와 적절한 기준·규격 설정 및 그 배합량 및 배합목적이 화장품의 정의에 부합하여야 함을 알려드립니다.

✓ '살리실릭애씨드 및 그 염류'는 상기 규정에 따른 [별표2]에서 '사용상의 제한이 필요한 원료'로 지정하고 있으며, 보존제로 '살리실릭애씨드로서 0.5%'까지 사용할 수 있도록 규정되어 있습니다.(영유아용 제품류 또는 만 13세 이하 어린이가 사용할 수 있음을 특정하여 표시하는 제품에는 사용금지, 샴푸 제외)

- 또한, 보존제 이외 기타 배합목적으로는 기능성화장품의 유효성분으로 사용하는 경우에 한해 '인체세정용 제품류'에 살리실릭애씨드로서 2%, '사용 후 씻어내는 두발용 제품류'에 살리실릭애씨드로서 최대 사용한도 3%까지 사용 가능하며, 영유아용 제품류 또는 만 13세 이하 어린이가 사용할 수 있음을 특정하여 표시하는 제품(샴푸는 제외)에는 사용이 금지되어 있습니다.

✓ 부당한 표시·광고 여부는 보통의 주의력을 가진 일반소비자가 당해 표시·광고 등 받아들이는 전체적·궁극적 인상을 기준으로 종합적으로 판단하고 있으며,

- 일반 소비자가 '살리실산' 성분을 통해 각질 관리에 도움을 준다고 오인할 우려가 있어 적절하지 않을 것으로 사료됩니다.
- 기능성화장품 외 살리실산이 함유된 일반화장품에서 보존 목적 외의 표시·광고(살리실산 성분 표시·광고)는 원칙적으로 불가능함을 알려드립니다.

Q322 화장품에 사용한 원료인 스피큘(전성분명: 하이드롤라이즈드해면)을 니들로 대체하여 단순히 상품명에 포함해도 되나요?

✓ 「화장품 표시·광고 관리 지침」 [별표 1]에 제품 사용방법을 사실과 다르거나 오인할 수 있는 표현으로 '바늘, 니들, 마이크로니들, 미세침, MTS(Microneedle Theraphy System)'을 금지표현으로 추가하여 '25.1.21일자로 개정하였습니다.

✓ 화장품의 표시·광고 위반 여부는 특정 단어나 문구로만 판단하지 아니하며 보통의 주의력을 가진 일반소비자가 당해 표시·광고 등 받아들이는 전체적·궁극적 인상을 기준으로 종합적으로 판단하고 있습니다.

- 제품명에 '니들'을 사용할 경우 화장품 범위를 벗어나는 사용방법 등으로 소비자가 오인할 우려가 있어 바람직하지 않을 것으로 판단됨을 알려드립니다.

Q323 맞춤형화장품판매장에서 혼합한 '원료의 특성에 한정된 광고' 임을 명확히 하고 원료의 효능·효과를 광고하는 것이 가능한가요?

✓ 일반화장품과 마찬가지로 원료의 효능·효과에 대한 표현의 경우 과대 광고 여부는 보통의 주의력을 가진 일반 소비자가 당해 광고를 받아들이는 전체적 인상을 기준으로 판단하여야 하는 바, 특정 원료가 함유되었다는 사실이 그 원료의 효능·효과가 최종 완제품에서도 동일하게 나타남을 의미하는 것은 아니므로 표시·광고 시 소비자 오인 소지가 없도록 주의하여야 합니다.

Q324 유기농화장품 인증 규정가 삭제되었는데 기존에 기준이 되었던 ISO 16128-2와 미국 유기농 인증인 USDA를 동일하게 보아도 되나요?

✓「화장품법」 제14조의2(천연화장품 및 유기농화장품에 대한 인증) 등 천연화장품 및 유기농화장품의 인증 절차 등을 삭제하도록「화장품법」을 일부 개정 및「천연화장품 및 유기농화장품의 기준에 관한 규정」 및「천연화장품 및 유기농화장품 인증기관 지정 및 인증 등에 관한 규정」(식약처고시)를 폐지 개정한 바 있으며, 해당 개정 사항은 '25년 8월 1일자로 시행되었습니다.

✓ 상기 법률 개정 취지는 천연화장품 및 유기농화장품의 정부 인증 제도를 폐지하고 민간 자율로 운영할 수 있도록 하려는 것이며,

- 이에 따라,「천연화장품 및 유기농화장품 표시·광고 안내서」(대한화장품협회)에 따른 기준을 충족하고 이를 실증할 수 있는 경우 '천연화장품' 또는 '유기농화장품'으로 표시·광고 가능함을 알려드립니다.

✓ 천연화장품 및 유기농화장품으로 광고표현 소구하고자 하는 경우 민간 인증기관의 인증사실 여부와 무관하게「천연화장품 및 유기농화장품 표시·광고 안내서」(대한화장품협회)에 따라 ISO 16128 계산법 적용하여 천연화장품은 천연(유래) 원료 함량이 전체 제품에서 95% 이상, 유기농화장품은 유기농(유래) 함량이 전체 제품에서 10%이고 유기농(유래)함량을 포함한 천연(유래) 함량이 전체 제품에서 95% 이상인 경우에만 실증자료 구비 후 소구 가능함을 알려드립니다.

Q325 "인체줄기세포배양액 함유 화장품", "인체줄기세포배양액 유래 엑소좀 함유" 등의 표시·광고 가능한가요?

✓「화장품법」 제8조에 따른 「화장품 안전기준 등에 관한 규정」(식약처 고시) [별표1]에 따라 '인체 세포·조직 및 그 배양액'은 원칙적으로 화장품에 사용할 수 없으나, 인체 세포·조직 배양액(인체에서 유래된 세포 또는 조직을 배양한 후 세포와 조직을 제거하고 남은 액)은 [별표3]에 따른 '인체 세포·조직 배양액 안전기준'을 준수할 경우에만 제한적으로 사용이 가능합니다.

- 따라서, 인체 세포나 조직에서 유래한 특정 성분을 추출·분리·정제하여 얻어진 원료(엑소좀 등)는 화장품의 원료로 사용할 수 없음을 알려드립니다.

✓「화장품법」 제13조(부당한 표시·광고 행위 등의 금지)에서는 의약품으로 잘못 인식할 우려가 있는 표시 또는 광고, 사실과 다르게 소비자를 속이거나 소비자가 잘못 인식하도록 할 우려가 있는 표시 또는 광고를 하지 못하도록 규정하고 있으며,

- 「화장품법」 제13조 및 같은 법 시행규칙 제22조, 제23조 [별표5] 관련 「화장품 표시·광고 관리 지침」 [별표1]에서는 줄기세포 관련 표현으로 특정인의 '인체 세포·조직 배양액' 기원표현 및 줄기세포가 들어있는 것으로 오인할 수 있는 표현(다만, 식물 줄기세포 함유 화장품의 경우에는 제외), 인체에서 유래한 특정성분(엑소좀, 리포좀 등)이 들어 있는 것으로 오인할 수 있는 표현은 금지표현으로 정하고 있으며, 이는 실증자료 유무와 무관한 사항임을 알려드립니다.

✓「화장품법」 제14조(표시·광고 내용의 실증 등)에 따라 영업자 및 판매자는 자기가 행한 표시·광고 중 사실과 관련한 사항에 대하여 이를 실증하도록 규정하고 있으며, 「화장품 표시·광고 실증에 관한 규정」(식약처고시)에서는 실증자료, 시험결과의 요건 등을 정하고 있습니다.

- 동 고시 제3조(실증자료)에서는 실증자료는 객관적이고 과학적인 절차와 방법에 따라 작성된 것이어야 하며, 실증자료의 내용은 광고에서 주장하는 내용과 '직접적인' 관계가 있어야 한다고 규정하고 있음을 알려드립니다.

✓「화장품 안전기준 등에 관한 규정」에 적합한 원료를 사용한 경우에만 불특정인의 '인체 세포·조직 배양액' 등 관련 내용으로 광고 시 상기 규정에 부합하는 실증자료를 구비하여 해당 자료범위 내에서만 광고가 가능함을 알려드리며,

- 인체(세포배양액 등 포함)에서 유래한 특정성분(엑소좀, 리포좀 등)이 들어있는 것으로 오인할 수 있는 표현은 실증자료 유무와 무관하게 화장품법에 저촉됨을 알려드리니 업무에 착오 없으시기 바랍니다.

Q326 피부 저자극 테스트 '무자극' 판정시 "개인차있음" 표기 및 시험정보 기재하면 '무자극' 문구로 광고해도 되나요?

✓「화장품법 시행규칙」 제22조(표시·광고의 범위 등) [별표5] 제2호 사목에서는 사실과 다르거나 부분적으로 사실이라고 하더라도 전체적으로 보아 소비자가 잘못 인식할 우려가 있는 표시·광고 또는 소비자를 속이거나 소비자가 속을 우려가 있는 표시·광고를 금지하고 있습니다.

✓「화장품법」 제14조(표시·광고 내용의 실증 등)에 따라 영업자 및 판매자는 자기가 행한 표시·광고 중 사실과 관련한 사항에 대하여 이를 실증하도록 규정하고 있으며, 「화장품 표시·광고 실증에 관한 규정」(식약처고시)에서는 실증자료, 시험결과의 요건 등을 정하고 있습니다.

- 동 고시 제3조(실증자료)에서는 실증자료는 객관적이고 과학적인 절차와 방법에 따라 작성된 것이어야 하며, 실증자료의 내용은 광고에서 주장하는 내용과 '직접적인' 관계가 있어야 한다고 규정하고 있음을 알려드립니다.

✓ 화장품의 표시·광고 위반 여부는 화장품으로서의 효능이 있고 없음에 관계없이 명칭, 표시된 사용목적, 효능·효과, 용법·용량, 판매할 때의 선전 또는 설명 등을 보통의 주의력을 가진 일반 소비자가 당해 표시·광고 등 받아들이는 전체적·궁극적 인상을 기준으로 종합적으로 판단하고 있습니다.

✓ '저자극테스트'와 관련하여, 상기 규정에 부합하는 실증자료를 구비하여 해당 자료 범위내에서만 광고가 가능한 사항이나,

- '무자극' 등 표현의 경우, 해당 표현은 소비자들이 피부에 어떠한 자극도 없다는 단정적 의미로 잘못 인식할 우려가 있어 화장품법에 저촉될 수 있으니 화장품 표시·광고 시 주의하여야 하는 사항임을 알려드립니다.

Q327 법령 개정에 따라 민간기관의 실증자료만 있으면 천연·유기농 표시 및 광고 가능한가요?

✓ 「천연화장품 및 유기농화장품 표시·광고 안내서」(대한화장품협회)에 따른 천연화장품 또는 유기농화장품 정의 기준에 적합하지 않은 경우에는 일부 특정 원료가 천연(유래) 또는 유기농(유래) 원료라고 하더라도 이를 천연(유래) 또는 유기농(유래) 원료라고 표시·광고할 수 없으며,

- 상기 안내서에 따른 천연화장품 또는 유기농화장품 정의 기준에 적합한 경우라면 실증자료 구비 및 해당 원료의 함량 표시·기재와 함께 천연화장품 또는 유기농 화장품으로 표시·광고 가능함을 알려드립니다.

✓ 천연화장품 및 유기농화장품 표시·광고와 관련한 요건 등 세부사항은 대한화장품협회 (www.kcia.or.kr)를 통해 도움받으실 수 있음을 알려드리며, 아울러 동 협회에서는 광고 자율자문을 운영하고 있음을 알려드리니 참고하시기 바랍니다.

Q328 화장품법이 개정되어 천연·유기농 화장품 인증에 관한 규정이 폐지되었는데 인증받지 않고 천연·유기농 화장품으로 표기 및 광고하면 처벌 대상 인가요?

✓ 「화장품법」 제14조의2(천연화장품 및 유기농화장품에 대한 인증) 등 천연화장품 및 유기농화장품의 인증 절차 등을 삭제하도록 「화장품법」을 일부 개정 및 「천연화장품 및 유기농화장품의 기준에 관한 규정」 및 「천연화장품 및 유기농화장품 인증기관 지정 및 인증 등에 관한 규정」(식약처고시)를 폐지 개정한 바 있으며, 해당 개정 사항은 '25년 8월 1일자로 시행되었음을 알려드립니다.

✓ 상기 법률 개정 취지는 천연화장품 및 유기농화장품의 정부 인증 제도를 폐지하고 민간 자율로 운영할 수 있도록 하려는 것이며,

- 이에 따라, 「천연화장품 및 유기농화장품 표시·광고 안내서」(대한화장품협회)에 따른 기준을 충족하고 이를 실증할 수 있는 경우 '천연화장품' 또는 '유기농화장품'으로 표시·광고 가능함을 알려드립니다.

✓ 「천연화장품 및 유기농화장품 표시·광고 안내서」에 따른 기준을 충족하지 못하거나, 실증자료를 구비하지 않고 '천연화장품' 또는 '유기농화장품'으로 표시·광고하는 경우 등 「화장품법」 제13조제4항 위반 시에는 관련 규정에 따라 판매 또는 광고업무정지 2개월의 행정처분, 1년 이하의 징역 또는 1천만원 이하의 벌금에 처할 수 있음을 알려드립니다.

Q329 추출물 표시·광고할때 함량 00%라고 기재해야 하나요?

✓ 추출물을 원료로 하는 화장품에서 추출물의 함량을 표시·광고할 시, 「화장품 표시·광고 관리 지침」(민원인 안내서)에 따라 소비자 오인을 줄이기 위해 화장품 완제품을 기준으로 희석용매 등의 함량을 제외한 추출된 물질의 함량을 정확하게 기재·표시하여야 합니다.

✓ 「화장품법」 제14조(표시·광고 내용의 실증 등)제1항에서는 영업자 및 판매자가 자신이 행한 표시·광고 중 사실과 관련된 사항을 실증하도록 규정하고 있으며, 「화장품 표시·광고 실증에 관한 규정」(식약처 고시)에서는 실증자료, 시험 결과의 요건, 조사 결과의 요건 등을 정하고 있으며,

- 「화장품 표시·광고 실증에 관한 규정」(식약처 고시) 제3조(실증자료)에 따라 실증자료는 해당 완제품에 대하여 객관적이고 과학적인 절차와 방법에 따라 작성된 것이어야 하며, 실증자료의 내용은 광고에서 주장하는 내용과 직접적인 관계가 있어야 합니다.
- 이와 관련하여, 「화장품 표시·광고 관리 지침」(민원인안내서)에 따라 추출물의 함량은 추출된 물질과 희석용매 등을 분리하여 작성된 원료의 조성 정보에 관한 자료 및 제품에서 해당 원료의 사용량을 확인할 수 있는 자료로 입증하도록 규정하고 있습니다.

✓ 추출물을 원료로 하는 화장품에서 추출물 함량을 표시·광고할 때는 완제품을 기준으로 희석용매 등의 함량을 제외한 추출된 물질의 함량을 표시·기재하여야 함을 알려드립니다.

- 완제품을 기준으로 실제 함량을 소비자 오인의 우려가 없도록 명확히 표시·기재하는 것이 바람직할 것으로 사료됨을 알려드립니다.

✓ 참고로 「화장품법」 제10조(화장품의 기재사항) 및 같은 법 시행규칙 제19조(화장품 포장의 기재·표시 등)제6항 관련 [별표4]에서는 화장품 제조에 사용된 함량이 많은 것부터 기재·표시(다만, 1퍼센트 이하로 사용된 성분, 착향제 또는 착색제는 순서에 상관없이 기재·표시)하여야 하며, 혼합원료는 혼합된 개별 성분의 명칭을 기재·표시 하도록 정하고 있습니다.

Q330 포장지에 대해 한국환경산업기술원(환경부)에서 친환경 인증 취득했는데 제품에 표시 및 광고 가능한가요?

✓ 화장품의 표시·광고 위반 여부는 화장품으로서의 효능이 있고 없음에 관계없이 명칭, 표시된 사용목적, 효능·효과, 용법·용량, 판매할 때의 선전 또는 설명 등을 보통의 주의력을 가진 일반 소비자가 당해 표시·광고 등 받아들이는 전체적·궁극적 인상을 기준으로 종합적으로 판단하고 있습니다.

✓ '친환경 인증'에 대해 정확히 알 수는 없으나, 해당 내용 관련 사실을 입증할 수 있는 근거자료를 구비하여 자료범위 내에서만 표시·광고가 가능함을 알려드리며,

- 다만 해당 광고 내용을 포함하여 종합적으로 판단했을 때 일반 소비자가 잘못 인식하도록 할 우려가 있는 광고로 받아들여지는 경우 「화장품법」에 저촉될 수 있으니 화장품 표시·광고 시 주의하시기 바랍니다.

Q331 주름개선 기능성 보고를 받은 화장품의 경우 '항산화'라는 표현 증빙자료 없이 사용 가능한가요?

✓ 「화장품법」 제14조(표시·광고 내용의 실증 등)에서는 영업자 및 판매자가 자신이 행한 표시·광고 중 사실과 관련된 사항을 실증하도록 규정하고 있으며 「화장품 표시·광고 실증에 관한 규정」에서는 실증 자료, 시험 결과의 요건, 조사 결과의 요건 등을 정하고 있습니다.

- 동 고시 제3조에서는 실증 자료는 객관적이고 과학적인 절차와 방법에 따라 작성된 것이어야 하며, 실증 자료의 내용은 광고에서 주장하는 내용과 "직접적인" 관계가 있어야 한다고 규정하고 있습니다.

✓ '항산화' 표현의 경우 인체 적용시험자료, 인체외 시험자료로 입증 가능하며, 다만 자외선차단, 주름개선 등 기능성 효능효과를 통한 피부노화 완화 표현의 경우 기능성 화장품 심사(보고)자료를 근거자료로 활용 가능함을 알려드립니다.

3 제조·수입·판매 등의 금지

동물실험을 실시한 화장품 등의 유통판매 금지

Q332 'POLYSORBATE 21(합성 후 공급)'은 화장품 원료로 쓰이지만 산업용으로도 쓰이기에 화평법 이행을 위하여 동물실험을 진행하였는데 사용이 가능한가요?

✓ 「화장품법」 제15조의2에 따라 원칙적으로 동물실험을 실시한 화장품 또는 동물실험을 실시한 화장품 원료를 사용하여 제조 또는 수입한 화장품을 유통·판매는 금지되어 있으며, 다만 아래에 해당하는 경우를 예외로 하고 있습니다.

1) 보존제, 색소, 자외선차단제 등 특별히 사용상의 제한이 필요한 원료에 대하여 그 사용기준을 지정하거나 국민보건상 위해 우려가 제기되는 화장품 원료 등에 대한 위해평가를 하기 위하여 필요한 경우
2) 동물대체시험법이 존재하지 아니하여 동물실험이 필요한 경우
3) 수출 상대국의 법령에 따라 동물실험이 필요한 경우
4) 수입 상대국의 법령에 따라 제품 개발에 동물실험이 필요한 경우
5) 다른 법령에 따라 동물실험을 실시하여 개발된 원료를 화장품의 제조에 사용하는 경우
6) 그 밖에 동물실험을 대체할 수 있는 실험을 실시하기 곤란한 경우로서 식품의약품안전처장이 정하는 경우

✓ 화평법 등 타 법령의 규제조건에 대해 확인하여 드리기는 어려우나, 해당 원료가 상기의 예외 조항 5)에 해당하는 경우라면 화장품의 원료로 사용이 가능할 것으로 사료됨을 알려드리니 참고하여 주시기 바랍니다.

Q333 화장품 광고 시 "해당 제품은 동물실험을 실시 하지 않은 제품입니다" 라는 문구가 과대광고에 해당하나요?

✓「화장품법」 제15조의2(동물실험을 실시한 화장품 등의 유통판매 금지)에 따라 화장품 책임판매업자 및 맞춤형화장품판매업자는 「실험동물에 관한 법률」 제2조제1호에 따른 동물실험을 실시한 화장품 또는 동물실험을 실시한 화장품 원료를 사용하여 제조(위탁제조를 포함한다) 또는 수입한 화장품을 유통·판매하여서는 안된다고 규정하고 있습니다.

- 이와 관련하여, 동물실험을 실시하지 않았다는 마크 또는 문구를 화장품 광고에 사용하는 경우 일반 소비자가 해당 제품이 아닌 타사의 다른 제품들에 대해 동물실험을 했다거나, 동물실험과 관련 있을 것으로 오인할 우려가 있으므로 동물실험을 실시하지 않았다는 광고 문구는 적절하지 않음을 알려드립니다.

제4장

기타 수입통관 등

제4장 기타 수입통관 등

1 수입통관 및 수입요건확인 면제

수입요건확인 면제

Q334 화장품 수출 물품으로 다시 국내 반입할때 수입요건면제 대상인가요?

✓ 「수입요건확인 면제대상 물품 중 의약품등의 추천요령」(식약처 고시)은 의약품·의약외품·화장품의 수입요건확인 면제범위 및 수입절차 등을 규정하고 있으며,

- 동 고시 제2조제2항에 따라 수입요건확인이 면제되는 의약품 등의 추천을 할 수 있는 기관을 특별시장·광역시장·특별자치시장·도지사·특별자치도지사 또는 지방식품의약품안전청장으로 정하고 있음을 알려드립니다.

✓ '수출 후 재수입' 사유는 상기 고시에 따른 수입요건확인이 면제되는 대상이 아님을 알려드립니다.

Q335 화장품에 대한 '수입요건확인 면제대상 추천' 신청 대상은 어떻게 되나요?

✓ 「대외무역법」 제11조, 제14조 및 같은 법 시행령 제19조(수출입승인의 면제)에 따라 화장품의 경우 상행위 이외의 목적으로 수출·수입하는 물품 등 수입요건 사유가 확인되는 경우에만 「수입요건확인 면제대상 물품 중 의약품등의 추천요령」(식약처고시)에 따라 수입요건확인면제신청이 가능하며,

- 그 외의 경우에는 「화장품법 시행규칙」 제12조에 따라 표준통관예정보고를 하고 수입하여야 합니다.

✓ 「수입요건확인 면제대상 물품 중 의약품등의 추천요령」(식약처고시) 제2조(수입요건확인 면제의 범위 및 추천) 제2항 및 「수입요건확인 면제대상 물품 중 의약품등의 추천요령 업무처리 지침」(공무원지침서)에 따라 화장품의 경우 연구시험용, 견본용, 소비자조사용에 대한 수입요건확인면제 추천이 가능하며,

- 업무 분장에 따라 관할 지방식약청(기능성화장품의 연구시험용) 및 관할 지방자치단체(그 외 화장품의 견본용 및 소비자조사용)에 신청할 수 있습니다.

Q336 화장품 '수입요건확인면제' 신청시 구비서류 등 절차는 어떻게 되나요?

✓ 「수입요건확인 면제대상 물품 중 의약품등의 추천요령」(식약처고시)에 따라 수입요건확인면제신청이 가능하며,

- 이에따라 신청시 구비서류는
  1) '수입요건확인 면제대상 물품 중 의약품등의 추천요령'(식약처고시) [별지1] 수입요건확인 면제대상 물품 중 의약품등의 추천신청서
  2) 추천신청품목별 구비서류
- 연구시험용 : 연구 또는 시험계획서 1부(포함항목: 연구목적, 시험항목 및 방법, 시험항목별 검체 소요량, 시험기관명 및 연락처, 연구책임자, 시험기간, 잔량처리방법 등)
- 견본용 : 배부계획서(선전용은 배부처당 5개에 한함, 비치용은 동일 제품 각 2개에 한함)
- 소비자조사용 : 소비자 조사계획서, 동 제품의 수입품과 구분할 수 있는 표시 등
- 업무 분장에 따라 관할 지방식약청(기능성화장품의 연구시험용) 및 관할 지방자치단체(그 외 화장품의 견본용 및 소비자조사용)에 신청할 수 있습니다.

표준통관예정보고

Q337 화장품 완제품 수입 후 소분하여 세트포장 후 전량 수출하는데 표준통관예정보고없이 수입 가능한가요?

✓「화장품법」 제5조제2항 및 같은 법 시행규칙 제12조제9호에 따라 화장품책임판매업을 등록한 자는 화장품을 수입할 때마다「대외무역법」에 따른 수출·수입요령을 준수하여야 하며,「전자무역 촉진에 관한 법률」에 따른 전자무역문서로 표준통관예정보고를 하여야 합니다.

- 다만,「대외무역법」및 '통합공고'에 따라 상기 요건면제에 대한 세부사항은 소관 부처인 산업통상자원부에 질의하여 주시기 바라며,
- 수입 시 표준통관예정보고 등 관련 구비서류 및 절차 등에 관한 세부사항은 한국의약품수출입협회(02-2162-8000)로 문의하여 주시기 바랍니다.

Q338 화장품 수출 물품으로 다시 국내 반입할때 표준통관예정보고 해야 하나요?

✓「화장품법」 제5조(영업자의 의무 등)제2항 및 같은 법 시행규칙 제12조(화장품책임판매업자의 준수사항)제9호에 따라 화장품책임판매업을 등록한 자는 화장품을 수입할 때마다「대외무역법」에 따른 수출·수입요령을 준수하여야 하며,「전자무역 촉진에 관한 법률」에 따른 전자무역문서로 표준통관예정보고를 하여야 합니다.

- 다만,「대외무역법 시행령」 제19조제2호나목에 따라 무역거래를 원활하게 하기 위하여 수입·수출하는 물품 등에는 수입승인을 면제하고 있으며,

✓ 자세한 사항은 소관 부처인 기획재정부(관세제도과) 또는 관세청으로 문의하여 주시기 바랍니다.

화장품 병행수입 및 동일성검사

Q339 동일성검사결과서의 유효기간은 어떻게 되나요?

✓ 「병행수입화장품 동일성 확인요령 운영규정」 제13조제3항에 따라 동일성검사결과서의 유효기간은 결과서 발급일로부터 3개월이며, 기간 내에 해당 제품에 대하여 표준통관예정보고를 신청·접수하여야 합니다.

Q340 통관 완료한 제품에 동일성검사를 받지 않은 제조번호의 제품이 있을 때는 어떻게 해야 하나요?

✓ 해당제품의 제조번호에 대해 품질검사용으로 동일성검사를 의뢰하고 재수입 품목코드 사용 동일성검사결과서 발급 후 한국의약품수출입협회 홈페이지의 전자민원서비스 → 화장품 제조번호/일자변경 → 병행수입 제조번호/일자 변경에서 변경·추가신청을 하면 됩니다.

Q341 화장품 병행수입할 경우 동일성 검사 확인 받아야 하나요?

✓ 「화장품법」 제5조 및 「화장품법 시행규칙」 제12조에 따라 화장품책임판매업자는 수입할 때마다 「대외무역법」에 따른 수출·수입요령을 준수하여야 하며, 「전자무역 촉진에 관한 법률」에 따른 전자무역문서로 표준통관예정보고를 하여야 합니다.

- 이에 관련하여 「통합공고」(산업통상자원부 고시) 제31조에서는 최초 수입 시 구비 서류로 제조 및 판매증명서 등을 제출하여야 하나, 제조 및 판매증명서를 구비하지 아니하고 화장품을 병행으로 수입하고자 하는 경우에는 제조번호별로 수출입요건 확인기관(한국의약품수출입협회)으로부터 동일성 검사를 통해 이미 수입된 화장품과 동일함을 확인받아야 합니다.

✓ 이와 관련하여 수입하는 요령에 대해서는 「대외무역법」 제12조 및 「통합공고」(산업통상자원부 고시)에 규정하고 있으며, 병행수입화장품에 대해서도 한국의약품수출입협회에서 '병행수입화장품 동일성 확인요령 운영규정'을 마련·공개하고 이에 따라 업무를 수행하고 있습니다.

- 동일성 확인은 상기 규정에 적정한 경우에 가능하며, 이와 관련한 보다 상세한 세부사항은 화장품 수입·통관 업무를 담당하고 있는 한국의약품수출입협회 (02-2162-8000)에서 상세히 안내 받으실 수 있음을 알려 드립니다.

Q342 동일성 검사 의뢰는 어떻게 하나요?

✓ 한국의약품수출입협회 홈페이지 전자민원서비스 → 동일성검사의뢰 페이지에서 검사 의뢰서 작성한 후 결제를 완료합니다.

✓ 검체(병행수입자가 수입하는 화장품)와 진정제품(제조 및 판매증명서를 갖춘 책임 판매업자가 수입한 화장품)은 직접 방문하셔서 제출하거나 택배(혹은 퀵서비스)로 제출하면 됩니다.

* 보낼 주소는 서울시 강서구 마곡동로 마곡동로 33(마곡동) 한국의약품수출입협회 통합회관 6층 화장품 동일성검사 담당자 앞, 연락처는 02-2162-8000입니다.

Q343 동일성검사가 끝난 잔여검체의 반환신청은 어떻게 하나요?

✓ 「병행수입화장품 동일성 확인요령 운영규정」 제8조제3항에 따라 한국의약품수출입협회 홈페이지 '동일성검사의뢰'화면에서 반환신청할 수 있으며 발급일 이후 혹은 취하 제품에 한하여 반환신청·접수 후 업무일 기준으로 10일 이내에 협회에 방문하여 수령하여야 합니다.

- 단, 부적합 발급된 제품은 반환대상에서 제외됨을 알려드립니다.

✓ 또한, 「병행수입화장품 동일성 확인요령 운영규정」 제8조제2항에 따라 병행수입자가 동일한 제품을 3개월 이내에 다시 검사의뢰 할 경우 동일성확인기관에 보관된 진정제품으로 검사할 수 있으며, 이 경우에는 진정제품 제출을 생략할 수 있습니다.

- 다만, 진정제품이 기 반환된 경우에는 해당 없습니다.

Q344 화장품 병행수입 시 동일성 검사는 제조번호가 같아도 매번 실시해야 하나요?

✓ 「통합공고」 제34조제2항 및 「병행수입화장품 동일성 확인요령 운영규정」 제4조에 따라 병행수입자는 수입할 때마다 제조번호별로 한국의약품수출입협회에서 동일성 확인을 받아야 합니다.

✓ 참고로 표준통관예정보고시 동일성검사발급번호를 기입해 주셔야 하며 이는 재사용이 불가합니다.

Q345 제품명만 다른 진정수입제품과 동일제품임을 확인 받으려면 어떻게 해야 하나요?

✓ 「화장품법」 제5조 및 「화장품법 시행규칙」 제12조에 따라 화장품책임판매업자는 수입할 때마다 「대외무역법」에 따른 수출·수입요령을 준수하여야 하며, 「전자무역 촉진에 관한 법률」에 따른 전자무역문서로 표준통관예정보고를 하여야 합니다.

- 이에 대해 「통합공고」(산업통상자원부 고시) 제31조에서는 최초 수입 시 구비서류로 제조 및 판매증명서 등을 제출하여야 하나, 제조 및 판매증명서를 구비하지 아니하고 화장품을 병행으로 수입하고자 하는 경우에는 제조번호별로 한국의약품수출입협회에서 동일성 검사를 통해 이미 수입된 화장품과 동일함을 확인받아야 합니다.

✓ 이와 관련하여 수입하는 요령에 대해서는 「대외무역법」 제12조 및 「통합공고」(산업통상자원부 고시)에 규정하고 있으며, 병행수입화장품에 대해서도 한국의약품수출입협회에서 '병행수입화장품 동일성 확인요령 운영규정'을 마련·공개하고 이에 따라 업무를 수행하고 있습니다.

- 동일성 확인은 상기 규정에 적정한 경우에 가능하며, 이와 관련한 보다 상세한 사항은 세부사항은 화장품 수입·통관 업무를 담당하고 있는 한국의약품수출입협회 (02-2162-8000)에서 상세히 안내 받으시어 업무에 만전을 기하시기 바랍니다.

Q346 진정제품수입과 병행수입의 차이점은 무엇인가요?

✓ 진정제품수입은 제조 및 판매증명서 서류를 구비하고 수입하는 것을 말하며 병행수입은 제조 및 BSE, 판매증명서를 갖춘 책임판매업자가 수입한 화장품과 같은 화장품을 다른 유통경로를 통하여 수입하는 것을 말합니다.

✓ 「통합공고」 제34조제2항 ② 제조 및 판매증명서를 구비하지 아니하고 화장품을 병행으로 수입하여 유통·판매하려는 자는 수입할 때마다 제조번호별로 수출입요건확인기관으로부터 다음 각 호에 대하여 이미 수입된 화장품과 동일함을 확인받아야 한다.

1. 외관 비교 검사(제품명 및 중량 또는 용량 포함)
2. 해당 화장품의 용기 등에 기재된 성분 목록

(개정판)

자주하는 질문집 화장품

초판 인쇄 2026년 01월 02일
초판 발행 2026년 01월 05일

저 자 식품의약품안전처
발행인 김갑용

발행처 진한엠앤비
주소 서울시 서대문구 독립문로 14길 66 205호(냉천동 260)
전화 02) 364 - 8491(대) / 팩스 02) 319 - 3537
홈페이지주소 http://www.jinhanbook.co.kr
등록번호 제25100-2016-000019호 (등록일자 : 1993년 05월 25일)

ISBN 979-11-290-6228-4 (93570) [정가 23,000원]

☞ 본 도서는 2025년 12월에 공개된 자료임을 알려 드립니다.
☞ 본 도서는 [공공데이터 제공 및 이용 활성화에 관한 법률]을 근거로 출판되었습니다.